张 杰 余剑峰 李 原 孙 炜 / 著

三维CAD模型的信息发掘与重用

Information Mining and Reusing for 3D CAD Models

清華大学出版社
北 京

内 容 简 介

本书重点以三维装配体为对象，详细阐述了CAD模型信息发掘与重用的相关原理和方法。全书共分为4篇：第1篇叙述模型信息重用的内涵和相关方法的发展现状，解析了数字化环境下可重用模型信息的主要构成；第2篇探讨装配体模型检索方法，分别依据离散化零件信息、考虑零件连接关系和构建空间连接骨架三类途径，阐述了装配体模型检索原理和具体算法；第3篇探讨装配体通用结构发掘方法，叙述了基于属性连接图和广义面邻接图两类通用结构发掘原理和算法；第4篇研究装配体功能结构分析与信息重用方法，分别给出了基于功能信息标注和功能概率的装配体功能结构关系挖掘方法。另外，本书引入了大量三维模型实例，对所提出的方法进行有效性验证，同时帮助读者深入理解各种方法的应用场景和效果。

本书适合作为计算机辅助设计、机械产品研制和知识工程平台建设领域的研究与工程技术人员参考书，也可作为高等院校相关专业教师、研究生和高年级本科生的参考书。

图书在版编目(CIP)数据

三维CAD模型的信息发掘与重用/张杰等著. —北京：清华大学出版社，2022.6(2023.8重印)
ISBN 978-7-302-60423-5

Ⅰ. ①三… Ⅱ. ①张… Ⅲ. ①计算机辅助设计－应用软件－研究 Ⅳ. ①TP391.72

中国版本图书馆CIP数据核字(2022)第052806号

责任编辑：戚 亚
封面设计：常雪影
责任校对：王淑云
责任印制：杨 艳

出版发行：清华大学出版社
网 址：http://www.tup.com.cn，http://www.wqbook.com
地 址：北京清华大学学研大厦A座 **邮 编**：100084
社 总 机：010-83470000 **邮 购**：010-62786544
投稿与读者服务：010-62776969，c-service@tup.tsinghua.edu.cn
质量反馈：010-62772015，zhiliang@tup.tsinghua.edu.cn
印 装 者：三河市春园印刷有限公司
经 销：全国新华书店
开 本：170mm×240mm **印 张**：11 **字 数**：220千字
版 次：2022年8月第1版 **印 次**：2023年8月第2次印刷
定 价：79.00元

产品编号：080974-01

前 言

PREFACE

21 世纪初，我国制造企业在计算机辅助技术方面的应用深度和广度不断拓展，并与产品数据管理平台结合形成了虚拟开发环境，由此引发了以三维模型为核心的产品研制模式变革。从 2010 年开始，我们同多家航空科研院所与制造企业合作，开展了复杂产品数字化协同研制技术的研究，合作单位广泛提出了如何从已有模型资源中获取需要的三维模型信息、如何归纳产品的典型结构单元等问题。我们认为，这些问题反映了企业在新的产品数字化研制体系下的信息重用需求，从而引起了对深入探索三维模型信息发掘方向的兴趣。

在现代机械产品设计中，三维模型作为产品数字化研制的重要构成要素，其应用范围从早期产品上游阶段的结构表征，逐步拓展到工艺、制造、装配和维修/维护等下游阶段，在关联和承载产品全生命周期信息方面发挥了不可替代的作用。与此同时，工程人员的主要工作从文本编辑和图纸绘制逐步过渡到围绕模型的信息定义和操作中，这不仅对人员专业水平提出了更高要求，而且极大地耗费了人们的时间和精力。因此，如何从已有模型资源中发掘可重用信息，降低模型定义和操作的复杂度，成为提升产品研制效率的关键。然而，模型信息资源的重用涉及企业信息系统架构、模型资源库构建、知识表示、流程固化以及核心算法开发等多个方面，是一项庞大的系统工程，难以一蹴而就。本书重点针对不同场景下的模型资源重用需求，以三维装配体为对象，从模型检索、通用结构发掘和模型功能结构关系发掘三个方面，探讨模型信息量化描述和相似性分析等原理和方法，进而构建相应的求解算法，为数字化研制体系下三维模型知识的获取和表达奠定基础。

本书分为 4 篇，共 9 章：第 1，3，4，7 章由张杰教授编写，第 2 章由孙炜博士编写，第 5，6 章由余剑峰副教授编写，第 8，9 章由李原教授编写。西北工业大学航空宇航智能装配技术团队的王延平博士、徐志佳博士、王攀博士、逄嘉振博士、季宝宁博士和左咪硕士，共同参与了本方向的多项科研项目研究工作，并在本书的实例整理和算法搭建等方面提供了助力。

首先特别感谢国家自然科学基金“支持多粒度重用的三维装配体多源信息融合发掘研究(51475371)”以及国防基础科研“全流程设计与仿真技术”等项目对本书研究工作的资助。

我们还要特别感谢成都飞机工业（集团）有限责任公司的余志强研究员、华南理工大学的王清辉教授，他们作为同行专家对本书的选题进行了评价。

我们还要衷心感谢西北工业大学、清华大学出版社的有关编辑、校对，有了他们的大力支持和合作，本书才能顺利与读者见面。

我们还要特别感谢国内外诸多专著、教材和高水平论文的作者们，他们的研究成果使我们受益匪浅，为本书的编写提供了重要的支撑，也为我们继续深入探索本领域的相关问题提供了信心和动力。

由于作者学术水平和时间的限制，书中不妥和错误之处在所难免。我们衷心希望各位专家和读者不吝赐教。

张　杰

2022 年 5 月

目录
CONTENTS

第1篇　三维模型信息发掘与重用基础

第2篇　装配体模型检索

第4篇 装配体功能结构分析与信息重用

第1篇

三维模型信息发掘与重用基础

随着计算机三维建模、信息处理和互联网等技术的不断发展，制造企业以三维模型为核心，建立面向产品全生命周期的数字化协同研制体系，已经成为企业提升市场竞争力和实现转型升级的必要条件。经过多年的发展，三维模型的应用范围从最初的产品上游阶段的结构表征，逐步拓展到工艺、制造、装配和维修/维护等下游阶段，围绕模型的各项业务在企业中快速拓展，有效支撑了企业的产品研制模式革新过程。当前，在我国以智能制造带动工业转型升级的大背景下，三维模型依然是工业信息物理系统中知识重用、虚实融合和数字孪生等关键技术应用的重要构成要素。

在信息内容方面，机械工程领域的三维模型主要由计算机辅助设计平台产生的实体模型构成，并在计算机内部被转换为边界表示法(boundary representation，B-Rep)数据模型。在信息关联方面，现有的产品数字化研制体系中的三维模型广泛关联了产品全生命周期上、下游的相关信息，包括工艺设计、加工制造和维修/维护等各个方面，由此形成了极具实践意义的知识脉络。但分析发现，随着三维模型内涵和外延的不断扩展，虚拟环境中围绕三维模型的信息定义操作大幅增加，且对操作者的专业知识和经验要求也在不断提高。因此，利用已有模型的关联信息来提升业务效率，已经成为企业知识工程平台建设的核心思路。

第1章

模型信息重用理论的发展分析

1.1 引言

计算机辅助设计(computer aided design,CAD)起源于20世纪50年代后期，是以计算机为工具辅助人们完成特定领域内设计任务的理论、方法和技术。经过多年的发展,CAD技术从早期的二维绘图软件发展为三维数字化研制体系的重要支撑,广泛应用于机械、电子、航空、航天、汽车、船舶、建筑和娱乐等各大行业,有效推动了各大领域的设计革命,成为支撑当代工业信息化发展,促进两化融合最重要、最核心的技术。现代CAD已经与计算机辅助制造(computer aided manufacturing, CAM)、计算机辅助工程(computer aided engineering,CAE)和产品数据管理(product data management,PDM)构成了强大的产品数字化研发技术体系,可为产品设计、仿真分析、制造、装配和检测等业务提供全方位支撑。

产品三维建模是设计人员利用CAD工具完成的主要设计活动之一,其本质是以数学方法描述产品零、部件结构及其空间位置关系,从而建立物理实体在虚拟空间中的精确映射。产品三维建模本身是一件冗繁复杂的创造性工作,要求设计人员具备几何造型、计算机图形学和专业产品设计领域的相关知识,该过程会耗费设计人员大量的时间和精力。通常,建模活动完成后的三维模型会存储为特定格式的数据文件,由一系列点、线、面及其空间拓扑信息构成,是产品设计信息的主要载体。由于三维模型能够立体、直观地表示尚未制造出来的产品本体,所以早期主要被用来替代二维工程图纸,在产品下游研制活动中发挥的作用非常有限。但是,随着现代产品三维数字化研制理论及体系的逐步完善,三维模型被广泛应用于产品干涉检查、数控加工、模拟装配和检验等下游的各个环节,所承载的信息从几何信息拓展到非几何信息,模型角色也从单一的几何形体表征发展为产品设计、制造和检验的重要依据。

在产品数字化研制体系的发展历程中,具有里程碑意义的是“基于模型的定义技术”(model based definition,MBD)的应用。MBD是一种将产品的所有相关设计定义、工艺描述、属性和管理等信息都附着在产品三维模型中的数字化定义方法,通过将设计信息和制造信息共同定义到产品三维模型中,改变了三维模型和二维工程图共存的局面,有效地保证了产品定义数据的唯一性。2003 年,MBD 被美国机械工程师协会(American Society of Mechanical Engineers,ASME)批准为机械产品工程模型的定义标准,其核心是将三维实体模型作为唯一制造依据的标准体,并明确了产品三维模型中几何与非几何信息的类型和表达方法[1]。从技术发展上来说,MBD 从根本上改变了仅用 CAD 工具表达产品结构信息的情形,极大地拓展和丰富了三维模型的信息表达能力。与此同时,三维模型在数据层面已经不是一个单独的数据文件,而是以结构模型为中心关联的一系列数据文件。在产品设计阶段,设计人员将依据产品的功能需求建立三维结构模型,然后在下游的各个阶段,不同角色的研制人员相继在结构模型的基础上添加和关联工程分析、工艺、制造、装配和检验等信息。因此,在现代产品研制中,三维模型已经成为重要的智力资产,是知识累积和创新工作的关键载体。

1.2 模型信息发掘与重用的内涵

当前,随着三维模型内涵和外延的不断扩展,人们围绕三维模型的信息定义工作日益繁重。实践表明,虽然三维数字化研制体系在缩短产品研制周期、降低成本方面发挥了关键作用,但虚拟环境中的信息定义与分析验证工作量却在不断增加,并且该类工作对人们专业知识和经验的要求在不断提高。研究表明,由于资源检索工具的匮乏,在新产品的研发过程中存在大量的重复设计问题,该类问题导致研发人员搜索资料的时间占总研发时间的 50%以上[2]。

分析发现,多数新产品的研制过程都会沿用或参考已有的产品信息。例如,设计人员可以从已有的设计模型中重用部分产品结构,并参考这些结构的分析验证信息;零件加工人员可以通过新旧产品中相似的结构特征来重用加工工艺信息;装配人员可以结合零件材料和零件配合关系的相似性来重用装配工艺信息等。由于当前三维数字化研制体系中的产品信息大多围绕三维模型来组织,开展以三维模型为核心的信息重用是支撑知识工程发展的重要途径。近年来,随着产品三维数字化研制技术的不断普及,互联网和制造企业都累积了相当规模的三维模型资源,形成了有重用价值的模型库,从而为模型信息重用提供了数据支撑。

目前,对于三维 CAD 模型的信息发掘与重用技术,学术和工程领域并没有统一的分类标准。从目前的研究成果来看,较有代表性的一类是"三维模型检索",即依据产品研制人员的输入信息从模型库中获取可信息重用的个体。该类应用的输入可以是某个零部件的二维图,也可以是三维模型。三维模型检索的核心在于判断输入模型信息与模型库中模型个体之间的相似性,从而辅助人们快速定位模型库中可重用的信息资源。此外,从模型库中发掘具有共性特征的"通用结构"也存在广泛的应用需求,这是因为不同三维模型单元之间具有共性意味着它们可能具有相似的功能、制造工艺以及检测方法等。该类方法可为研制人员提供具有信息完整性的高质量可重用资源,并能够辅助制造企业建立通用结构库、典型资源库等。

已有研究表明,从模型中发掘可重用信息资源本身是一项具有挑战性的工作,尤其体现在基于模型信息的相似性分析方面。首先,不同种类重用业务所要求的相似性内容具有极大的差异,例如"形状相似""拓扑相似"和"属性相似"等,这导致了各类业务所采用相似性判断标准和计算方法的不同;其次,三维模型本质上是设计者在三维空间中进行结构建模、标注和属性表达的信息集合,从类型上可分为几何形状信息和数值、语义等非几何信息,不同种类的信息难以直接进行量化比较。例如,当前少有可用于三维欧氏空间中几何信息的直接量化比较方法,大部分应用都需要将空间几何信息转化到不同的数值描述空间。

总体而言,在三维模型成为产品研制信息承载的主体之后,模型信息发掘作为知识重用的基本前提,对有效降低模型定义和分析的复杂度,缩短产品研制周期和降低研制成本显得尤为重要,该类应用也将成为未来CAD系统的重要功能之一[3]。因此,探讨三维数字化研制体系中三维模型信息的发掘与重用方法具有重要的理论意义和应用价值。

1.3 模型信息发掘与重用技术的发展

自20世纪90年代末以来,三维数字化设计方法支撑的设计重用技术得到了广泛研究。当前,在模型信息发掘与重用方面,以企业或互联网模型资源库为基础开展的研究主要分为三维模型检索和通用结构发掘两类。其中,前者关注依据设计者的检索需求从模型库中定位可重用的模型信息,后者主要识别和提取具有广泛重用意义的典型设计资源。本书结合其所涉及的重点内容,对相关理论、方法和平台的发展现状进行分析。

1.3.1 三维模型检索

从知识获取和重用的角度来看,三维模型检索的本质是分析模型间相关性的过程。早期以关键字为基础的模型检索方法,利用描述文本间的内在关联来体现模型相关性,但这种方法具有一定的主观性,难以统一表达用户的检索意图,其实际应用效果一直难以获得业界的广泛认可。相较而言,基于内容的三维模型检索能够客观地描述模型各类型的本质属性,近年来受到了业内的广泛关注。

三维模型检索过程主要包括两部分内容:离线建库和在线匹配,如图1-1所示。离线建库过程预先按照特定的原理和方法,将模型库中的个体为转换为可量化分析的描述符,或同时建立能够支持高效搜索的索引结构。在在线匹配过程中,用户首先通过查询接口提交查询请求，然后计算机针对用户的输入数据提取其描述符，并根据相似性度量规则计算该输入描述符与库内模型之间的相似性，最终对库内模型进行相关性排序并返回检索结果。在上述过程中，用户可提交相关反馈信息，例如根据具体需求修改相似性评价规则，或在检索结果中选择更符合需求的模型进行二次检索，并通过反复迭代提高检索结果的准确度。具体来说，可以从描述符构建、相似性度量、用户接口、检索模式和检索性能评价等方面分析三维模型检索技术的发展。

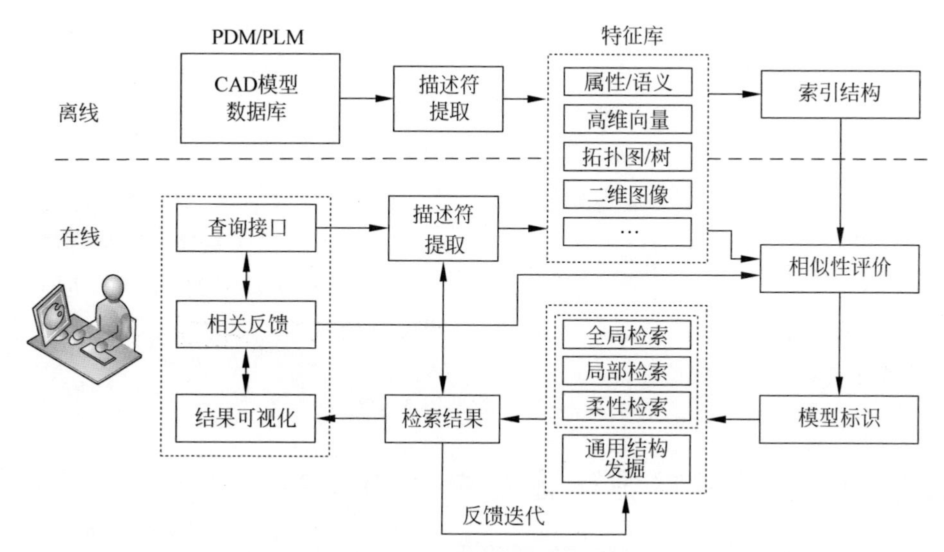

图 1-1　三维模型检索过程

1.3.1.1　描述符构建

描述符是指从三维模型中提取的能反映模型本质属性的一种量化数据，其通常以向量、图或树的形式来表示。三维模型的底层数据往往是一些支持可视化的几何属性和外观属性，因此在检索前首先需要将这些信息进行抽象与重组，并转换为能够由计算机进行相似性分析的描述符，进而支持信息发掘与重用。

描述符构建是三维模型检索的重要环节，直接决定了模型检索算法的效能。为了衡量各种描述符对三维模型特征信息的表征能力，国内外一批学者[4-9]针对三维模型描述符提出了一系列评价标准，包括唯一性、广泛性、稳定性和敏感性等。

(1) 唯一性：三维模型与模型描述符之间应存在较为严格的一一对应关系，即不同的三维模型应具有不同的特征，而相同类别的模型具有相似的特征，从而保证检索与索引过程的一致性。这里尤其要注意的是三维模型描述符要具有几何不变性，即能够忽略同一模型在平移、旋转和缩放等方面的差异。

(2) 广泛性：三维模型描述符应能够描述所有类型的模型。例如，一个描述符如果仅仅能够描述平面和平面之间的垂直连接关系，那么它仅能够描述一个立方体结构的模型而无法表示球面等曲面围成的模型，因此它不具有广泛性。

（3）稳定性：三维模型表面上发生小的改变不会导致其描述符发生较大的变动，从而确保相似性评价的准确性和检索结果的质量。

（4）敏感性：三维模型描述符能够检测出不同物体之间细微的差别，从而支持精确检索的需求。这一标准往往与稳定性彼此矛盾，同时满足这两点需求也是现有三维模型形状描述符提取中的难点问题。

1.3.1.2　相似性度量

目前的三维模型检索方法均建立在一个最基本的假设上，即"两个三维模型在全局或局部上的相似性越高，则认为这两个模型间的关联也越紧密"[10]。这里的"相似性"可以是形状相似性、结构相似性和功能相似性等，其评价标准的建立很大程度依赖于用户想要获取的知识类型。现有的模型描述符往往使用向量、图或树的数据结构来表征三维模型，对于以向量形式表示的描述符，其相似性需要根据向量中各个分量之间的关系来确定；而对于以图或树表示的描述符，则需要采用基于图或基于树的匹配分析模型间的相似性，具体方法如下。

1. 向量相似性度量

对于多维特征向量相似性分析问题，应用较为广泛的是多维空间中满足测度公理的距离定义方法，例如闵氏距离、余弦距离等。

（1）闵氏距离

设 n 维空间有两点 $\boldsymbol{x},\boldsymbol{y}\in R^n$，则其闵氏距离 L_p 定义为

$$L_p(\boldsymbol{x},\boldsymbol{y})=\left[\sum_{i=0}^{N}|x_i-y_i|^p\right]^{1/p} \tag{1-1}$$

当 $p=1$ 时，L_p 就退化为曼哈顿距离；

当 $p=2$ 时，L_p 为欧氏距离，即

$$L_2(\boldsymbol{x},\boldsymbol{y})=\left[\sum_{i=0}^{N}|x_i-y_i|^2\right]^{1/2} \tag{1-2}$$

（2）余弦距离

除闵氏距离外，余弦距离也是向量相似性的常用测度方法。余弦距离通过两个向量之间夹角的余弦来度量其相似性：若两个向量方向相同，则说明两个向量之间的夹角为0°，而相应的余弦相似性为1；若两个向量正交，则说明两个向量之间的夹角为90°，而相应的余弦相似性为0；若两个向量方向相反，则说明两个向量之间的夹角为180°，而相应的余弦相似性为－1。余弦相似性只与向量的方向相关，与向量的幅值无关，其计算简单且结果可靠的特点使该方法在图像检索、模型检索和文本比较等方面都得到了广泛应用。

设 n 维空间有两点 $\boldsymbol{x},\boldsymbol{y}\in R^n$，则其余弦距离定义为

$$\cos(x,y)=\frac{\boldsymbol{x}\cdot\boldsymbol{y}}{\|\boldsymbol{x}\|\|\boldsymbol{y}\|}=\frac{\sum_{i=1}^{n}(x_i\times y_i)}{\sqrt{\sum_{i=1}^{n}(x_i)^2}\times\sqrt{\sum_{i=1}^{n}(y_i)^2}} \tag{1-3}$$

2. 图/树相似性匹配

图匹配算法是实现三维模型结构相似性分析的重要途径，目前已有较为深厚的研究基础。例如，Ullmann[11]提出的基于邻接矩阵的树搜索算法是解决图同构问题的最经典方法之一，采用基于节点度的剪枝方法大幅缩减了算法在回溯查找过程的搜索空间。此外，于1999年提出的VF算法采用深度优先的树搜索策略使用了一系列高效的规则集合对搜索树进行剪枝[12]。在此基础上，Cordelia等[13]提出了改进的VF2算法，首先在待匹配的图中找到一个满足匹配条件的点集，然后判断新加入的点是否满足匹配条件，如果满足则寻找下一个点，否则进行回溯。

然而，图匹配问题目前已被证明是非确定性多项式问题（nondeterministic polynomially problem，NP），该类算法往往需要指数级的时间和空间。对于一些特殊的图数据或者特殊的应用场景，可以通过一些假设的过滤条件，在多项式时间内求解近似的最优解或者局部最优解，进而大幅减少算法所花费的时间。例如，文献[14]通过将模型的属性邻接图转换成面形位码来实现模型之间不同精度的相似性评价；Tao[15]提出先进行区域分割，再进行区域属性编码匹配的特征提取和检索方法。尽管这些近似的求解方法有时并不能得到一个全局的最优解，但考虑到检索效率与效果，在工程应用中通常采用近似最优解。

1.3.1.3 用户接口

对处于产品生命周期中不同阶段的用户而言，三维模型的检索需求往往不同。例如，面对设计需求未能明确详细设计方案的用户，希望在已有的设计知识中通过输入简单的信息快速查找相关的模型以启发其设计；而对于希望能够参考已有产品知识进行设计改进的用户，检索系统应能够快速、准确地返回与查询实例相似的模型。为了使用户能够根据需要输入不同查询信息进行检索，需要提供多样化的用户接口以满足用户的检索需求。目前在研究和应用过程中主要有文本、草图/图像和实例检索[16]3种不同的用户接口。

3种检索接口各适用于不同的检索场景：文本检索接口对用户要求很高，具有较强的主观性；图像检索接口适用于在产品的概念设计阶段，设计人员尚未形成对于构建三维模型的清晰思路，此时可用二维草图形式表达自己的思想，并通过该类接口方式搜索视觉相似的三维模型，以启发用户灵感；实例检索接口较文本和草图方式可更加客观、明确地描述要查询的内容，更符合用户的检索习惯，因此是三维模型检索领域中使用较广的一种检索接口。实例三维模型可以是通过文本检索或草图检索接口“粗略”获得的三维实例，也可以直接由商业三维造型系统构造，不同的输入方式丰富了检索方法的适配能力,使三维模型检索能够应对更多的用户需求。

1.3.1.4　检索性能评价

随着国内外对三维模型检索技术研究的不断深入,出现了越来越多的三维模型检索新方法,合理地评价三维模型检索方法的性能优劣也越来越重要。检索方法的性能优劣主要由检索效率和检索准确性两个方面决定。其中,检索效率由输入模型的表征性能及其与库内模型的匹配效率共同决定,量化方法较为简便;而检索准确性则体现为检索结果与查询模型的相关性强弱,这里的“相关性”作为信息检索理论中的最基本概念,已具有较为深厚的研究基础[17]。目前,三维模型检索领域的相关性评价方法均建立在查全率与查准率指标之上,主要有查全查准曲线[18](precision & recall curve)、F 测度(F-measure)和折损累计增益测度(discounted cumulative gain,DCG)等。

(1) 查全查准曲线

查全查准曲线是检索系统中使用较为普遍的一种评价机制。其中,查准率(precision)定义为检索结果中相关模型的数量与返回模型数量的比值,反映了检索结果的正确性;而查全率(recall)定义为检索结果中相关模型的数量与模型库中实际相关模型数量的比值,反映了检索结果的全面性,其计算方法如下:

$$\begin{cases}\text{precision}=\dfrac{|A\cap B|}{|B|}\\[2ex]\text{recall}=\dfrac{|A\cap B|}{|A|}\end{cases}\tag{1-4}$$

式中:A 表示模型库内与查询模型同一类模型所构成的集合;B 表示返回的所有检索结果所构成的集合;运算符$|*|$表示集合中元素的数量。

查全查准曲线则是以查全率为横坐标,以查准率为纵坐标形成的曲线图。通常来讲,查全查准曲线是一个递减函数,随着查全率的增长,查准率总是呈下降趋势,下降速度越慢,则说明该检索系统的检索效果越好。

(2) F 测度

F 测度是反映检索系统查全率和查准率的综合指标,定义为固定数目检索结果下查全查准率的函数,其计算公式如下:

$$F=\frac{2}{\dfrac{1}{\text{recall}}+\dfrac{1}{\text{precision}}}\tag{1-5}$$

式中:F 的取值范围在 0～1,F 越接近于 1,说明对应检索系统的检索性能越好。

(3) DCG 测度

DCG 测度是一种综合考虑检索结果相关性与排序合理性的评价方法,只有在最相关的三维模型排在检索结果最靠前的位置时才能获得较高的 DCG 分数。在进行 DCG 测度前,首先需要基于人工标注的方法对检索结果中的每个模型对象进行分等级的打分，例如好、一般、差等，再对每种打分依次赋予一个相应的分值。对于包含 p 个三维模型的检索结果序列，目前主流的 DCG 测度方法如下：

$$\mathrm{DCG}_p = \sum_{i=1}^{p} \frac{2^{\mathrm{rel}_i} - 1}{\log_2(i+1)} \tag{1-6}$$

式中：rel_i 表示第 i 个位置检索结果的评分。

1.3.2 机械工程领域的模型检索

多年来，实体造型一直是数字化环境中构建产品三维模型的关键支撑技术。在现有的 CAD 工具中，设计者可以基于基本体素的交、并和差等集合运算生成零件模型，也可以围绕草图建立零件的基本特征，然后利用修饰特征的方式产生符合设计意图的形体。无论采用上述哪种模式，所产生的模型都能够完整地表征零件的几何、拓扑等信息。实体模型能够支撑计算机辅助环境中的多种运算，例如欧拉运算、物性运算和加工过程仿真等，因此是现代产品研制必不可少的基础要素。

机械工程领域的三维模型主要以实体模型为主，进一步可分为零件模型和装配体模型。零件模型是构成装配体的最小实体单元，高度集成了几何特征、功能属性和材料等重要设计信息，工程技术人员可在 CAD 建模系统的基础上通过二次开发较为方便地获取以上数据。装配体模型是多个零件模型的组合，是工程实际中绝大多数产品的存在形式，其所涵盖的几何形态、配合关系、运动约束、尺寸公差和装配顺序等信息，能够保证产品全生命周期过程中设计、规划、分析和仿真等业务的顺利进行。零件模型和装配体模型在承载信息的层次性、获取方式等方面的差异，使二者在进行相似性分析和信息重用时需要的处理手段和算法都有所不同，因此可将三维模型检索分为零件模型检索和装配体模型检索两大类。其中，前者为后者提供了丰富的理论和应用基础，而后者则是前者的进一步拓展和延伸，极大地丰富了三维模型检索理论在产品全生命周期中的应用范围。

1.3.2.1 零件模型检索

目前，针对三维零件模型检索已经出现了很多方法，根据描述符表征形式的不同，Johan 等[19]于 2008 年将当时的三维零件模型检索方法分为 3 类：基于特征语义、基于几何信息和基于拓扑信息的检索方法。随着近年来机器学习技术在多媒体数据处理领域的快速发展，智能化方法为零件模型检索问题提供了很好的解决思路。为此，本书从基于特征语义、基于几何信息、基于拓扑信息和基于机器学习技术 4 个方面对零件模型检索方法进行了整理：

(1) 基于特征语义的零件模型检索

三维模型在工程领域中一般有特定的设计、制造或应用上下文环境，因此模型中各种建模要素、设计制造信息等数据可作为三维模型检索的重要依据。该类方法主要针对 B-Rep 模型中所包含的各类几何、非几何属性等信息，在语义分析的基础上实现模型匹配与检索。

三维模型中广泛存在的孔、轴、凸台及凹槽等建模特征与产品设计制造领域中的特定知识或应用紧密关联，因而具有重要的工程意义[20]。基于建模特征的零件模型检索，实际上是在模型形状分析的基础上，通过提取具有特定工程语义的几何元素来完成的。由于实际应用中的需求不同，该类特征的具体定义方式亦可能存在差异。例如，Kyprianou[21]较早采用句法模式识别方法识别模型特征，该方法将B-Rep表示的零件模型转换为面-边结构图，并以凸起、凹进和光滑3种结构化原语分类，在此基础上构造特征语法并完成特征识别。Joshi等[22]将B-Rep表示的零件模型转换为属性邻接图，并在属性连接图基础上定义一系列特征描述作为三维模型的特征识别依据。Ramesh等[23]建立了零件模型特征与用户可交互加工特征库的映射机制，以特征数量、方向、尺寸及关联方向对三维模型进行表征。

CAD零件模型在全生命周期的各业务环节流通过程中产生了大量文档、文本信息，包含了产品的几何特征、加工、制造和装配工艺等信息，这些信息可作为三维模型检索的重要依据。基于产品信息的模型检索方法一般与特定工程领域的应用需求相关，例如Zhou等[24]认为仅从模型出发难以自动提取各种应用所需信息，从而提出了CAD与计算机辅助工艺过程设计技术(computer aided process planning，CAPP)在双向整合基础上的自动参数提取、流程设计方法。Hermann等[25]开发了基于CAPP和用户定义的三维模型相似性评价系统。该系统要求用户定义模型设计属性、工艺属性及两者间的映射函数，并由用户给定近似度比较方法完成模型比较。Zhang等[26]提出了一种集成产品信息建模的模型描述方法，该方法能够利用功能、几何、特征、加工和用户等语义信息进行结构化建模并实现模型相似性的计算。Jeon等[27]提出了利用设计文档进行基于语义的模型检索，利用语义和规则处理来解决设计文档与三维模型之间的语义鸿沟。随着机械零件的复杂度增加，基于产品信息的模型检索方法的检索效率会逐步降低，但与其他检索方法相比，该类方法与工程中实际业务联系紧密，仍然具有广泛的应用前景。

总体而言，基于特征语义的零件模型检索方法是在领域知识的基础上，充分利用产品的设计、制造或加工特征和上下文环境及工艺流程信息，从特征识别、预定义特征约束参数集分析、工艺信息及产品属性比较等角度完成模型比较与检索。该类方法考虑到CAD零件模型的工程应用描述，可作为面向内容的模型快速检索和设计复用的主要依据。

(2) 基于几何信息的零件模型检索

基于几何的三维零件模型检索方法的本质是将主观层面的几何特征信息转换为计算机可识别的特征数据，进而为发掘几何信息背后具有重用价值的设计知识和经验提供技术支撑。目前，该类方法主要包括统计、数学变换和视图投影等，研究重点是在符合人对三维对象视觉相似性直观判断的基础上，建立三维空间中的几何形状描述规则。

通过采样统计描述模型空间几何信息方法的主要思路是利用统计学的思想，利用具有一定形状辨识能力和空间分布意义的统计量，构成统计直方图或统计分布曲线来表征模型的形状特征。在目前的研究成果中，大部分基于统计的形状描述方法都可以归结为基于统计直方图的形状描述符。形状直方图最早来源于文献[28]中检索二维多边形的截面编码技术。较为经典的方法是由 Osada 等[29]在 2001 年提出的形状分布直方图，通过在模型表面上的随机采样计算采样点间距离函数的值，并将函数值的概率分布表示为直方图以描述模型的形状特征。由于其计算简单、鲁棒性高和识别率较高等特点，这种方法逐渐成为三维模型检索领域较为通用的方法，因此其他学者在此基础上提出了多种改进算法。例如，Liu 等[30]首先根据一定的分布决定采样方向，在每个方向上通过一系列平行光线与模型相交获得模型的厚度，根据厚度的值获得方向直方图。Gal 等[31]提出了一种局部直径函数，在模型表面点生成与表面法向相反的圆锥，在圆锥内生成多束射线与模型表面相交，计算各个交点与圆锥轴线的直径来获得局部直径分布直方图。基于采样统计描述的零件模型检索方法原理简单且检索速度较快，因而得到了广泛而深入的研究。

基于数学变换的形状表征方法最早起源于图像处理领域的二维傅里叶变换处理图像信号，它是将三维模型的空域信息通过数学变换方法变换为频域信息，用变换系数表征模型的形状特征。目前，用于三维模型形状比较的数学变换描述符主要有傅里叶变换、球面调和变换和小波变换。例如 Vranić 等[32]将三维模型规范化和体素化，对体单元进行三维傅里叶变换并取复数系数的实数部分构成特征向量对模型进行描述，最后通过向量的 L1 范式或 L2 范式实现相似性计算。相比于傅里叶变换，球面调和变换具有多分辨率表征模型形状特征的特性，因而在三维模型检索领域得到了更为广泛的应用。Kazhdan 等[33]将三维模型体素化为一个 64×64×64 的网格体单元，并以网格的中心为球心，使用半径分别为 1～32 的同心球将网格分解成 32 个球面函数，经过球面调和变换将每个球面函数分解成频率由低到高的 16 个球面调和函数的和。以上两种基于傅里叶变换和球面调和变换所建立的描述符一般只能应用于三维模型的全局检索，而不能用于模型的局部形状比较，小波变换则能同时应用于模型整体和局部形状的分析。例如 Pastor 等[34]用三维小波多分辨率描述三维模型，通过计算一个中间网格满足细分连通性要求，以便进行小波变换计算；接着用一个迭代变形过程调整网格以适应不同的输入数据；最后计算球形小波变换得到三维模型的多分辨率描述。由于采用了不同于空间域的频域分析方法，基于数学变换的形状描述子与其他形状描述子有着良好的互补效果。它能提供模型的多分辨率描述，实现从粗到精的模型形状特征表征，但在进行数学变换前一般要对模型进行规范化，数学计算较为复杂，因此在一定程度上影响了该类方法的效率和可行性。

基于视图投影进行零件模型形状表征的理论依据是：对于相似的两个三维模

型,从任意视角看它们都应该是相似的。因此,基于视图投影的三维模型检索方法通常是将模型转换成多角度二维投影图像,利用图像处理领域的相关理论基础分析三维模型间的相似性。这种思想可以将目前成熟的图像处理技术应用到三维模型的匹配中,并能够有效简化整个三维模型的检索匹配过程。例如 Funkhouser 等[35]将三维模型在 13 个视角上进行投影并得到投影的二维视图,通过距离变换将视图转换成灰度图像并离散到一组同心圆上,利用傅里叶变换得到这些视图的描述符。随后的研究从局部可视特征[36]、视图对称性[37]和形状轮廓描述[38]等方面对该算法进行了改进,极大地拓展了该方法对三维零件模型几何特征的识别性能。视图投影方法利用了目前较为成熟的图像处理技术,但在从三维向二维转换的过程中会造成部分细节信息的缺失(例如模型间干涉、遮挡和包含等空间关系),因此需要对模型提取多个投影视图,通常需要耗费较大的计算时间。

(3) 基于拓扑信息的零件模型检索

在计算机辅助几何造型领域,通常用拓扑来表示模型中基本元素或基本几何体之间的相互连接关系[39]。拓扑是三维模型中各几何特征在空间中的关联关系,不随模型时空的变化而发生改变,是三维模型自身固有的一类特征属性,这一性质使拓扑结构在模型的形状描述、匹配检索、形状分析与理解等应用中具有重要作用。三维模型的拓扑结构以图或树的形式进行表达,进而将三维模型检索问题转换为图或树结构的匹配问题。一般情况下,树匹配过程比图匹配过程更简单,匹配速度更快,但相当多的三维模型并不能用树结构来表达,使基于图的三维模型描述方法得到了广泛的应用。随着 21 世纪初期图论相关算法的迅速成熟,部分学者受此启发开始研究基于骨架图、Reeb 图等图数据的三维模型拓扑描述方法。

骨架图是一种直观的表达三维模型拓扑结构的描述形式,它对模型形状的微小变化不敏感,因此能够有效保存三维模型的矩不变、几何和体素化等参数。Sundar 等[40]较早地利用骨架图作为形状描述子对三维模型的几何和拓扑信息进行编码,该方法在对三维模型几何空间进行体素化后,通过细化参数控制基于细化算法的距离变换得到骨架节点,每个节点对应模型中的一个几何特征向量,并应用最小生成树算法将骨架点连接成描述模型形状的骨架图。另有一些研究[41]提出了具有创新性的骨架生成方法并将其用于三维模型的相似性比较。这些研究所形成的骨架图能够对三维模型进行非常直观的描述,且能够支持全局和局部检索,但获取模型骨架所需的计算量通常较大,且对噪声比较敏感。

Reeb 图是由高度函数、曲率函数和测地距离函数等连续函数确定的三维模型骨架,用来表达三维模型的拓扑结构信息。它的顶点通常表示模型空间中具有特定特征属性的区域,边的连通性表示特征区域之间的邻接关系,进而通过图论的相关算法对三维模型间的相似性进行度量。Reeb 图的概念最早由 George Reeb 针对模型的拓扑结构的表述问题提出,由于具有较少的数据量却能保留三维模型的重要的拓扑信息,同时具有旋转、平移和缩放不变性的特性,在三维模型检索领域得到了广泛的应用。随后的研究分别在 Reeb 图生成和匹配方法等关键问题上进行了大量拓展，例如 Hilaga[42] 和 Mohamed[43] 分别提出通过测地距离和混合距离函数获得用于描述模型的拓扑结构的多分辨率 Reeb 图；Tierny[44] 通过搜索表示两个模型的 Reeb 图所包含的最大共有子图实现了模型的局部检索；Barra 等[45] 在扩展 Reeb 图的基础上生成了最短路径的集合来表示模型，通过基于核的匹配方法获得模型之间的相似性。与骨架图一样，Reeb 图能够从拓扑结构的角度对三维模型进行直观的描述，但 Reeb 图的构造是基于映射函数的，映射函数的选择会对描述结果产生较大影响。

一般而言，拓扑结构包含了模型的各特征元素及其相互关系，同时在一定程度上可用于描述模型内部结构[46]，并可进一步结合实际应用、融合其上下文环境，以进一步提高检索效率，因此该类方法是实现机械工程领域零件模型检索的重要手段之一。

(4) 机器学习在零件模型检索中的应用

近年来，随着人工智能算法与框架的迅速发展，机器学习技术在二维图像处理领域已经获得十分成熟的应用，受此启发，一些学者也开始尝试使用机器学习方法进行三维模型的识别和匹配。

在机器学习模型中，输入数据(包括训练样本集和测试样本集等)是能够描述模型几何特征的模型描述符，其数量和质量对系统检索效率有着至关重要的影响。目前用于机器学习的 CAD 模型表征方法主要有视图投影和形状变换两种。例如，Shi 等[47] 基于模型多视图投影描述符提出了用于三维模型检索的深度神经网络模型“DeepPano”，首先利用视图投影方法将每个三维模型转换为全景视图，然后通过深度神经网络从视图中学习并提取图像中具有不变特性的描述信息，并最终实现三维模型的分类和检索；Wang 等[48] 结合卷积神经网络(convolutional neural network，CNN)、极端学习机提出了面向三维模型特征识别的学习框架，该方法采用体素和距离场两种三维形状描述数据为输入，其中体素数据用于描述空间结构信息，而距离描述三维模型形状的局部细节，并通过训练学习模型提取三维形状的局部特征和全局特征实现三维模型检索。虽然实验证明基于深度学习的检索方法对于某一类三维对象具有较高的检索准确度，但需要大量的时间来训练大量的三维模型。此外，如果查询的三维模型不属于经过训练的三维模型数据库，则对查询的三维模型进行特征提取将花费大量的时间。

1.3.2.2 装配体模型检索

两个及两个以上的零件按特定约束连接在一起形成装配体，装配体即表征产品的局部和整体结构，也是功能、性能、制造工艺和产品维护等各类设计意图的集中体现。绝大部分工业产品不以单个零件的方式存在，而是由特定数量的零件装配形成的。在产品设计中，通常采用若干零件的组合来实现特定的功能，因此装配体包含更加丰富的设计信息。从产品建模的角度来说，装配体模型无法独立存在，必须由零件模型基于装配约束产生。围绕装配体的数字化定义业务是产品研制的重要组成部分,包括装配约束构建、装配作业仿真、装配工艺设计、质量检测和维修维护等。由此发现,与零件模型相比,以装配体模型为对象开展模型信息发掘与重用研究具有更普遍的应用价值。为了能够对当前多种装配体检索方法进行直观的理解,Lupinetti[49]对装配体模型检索方法的发展和面临的挑战进行了全面的讨论,将装配体检索方法按照描述符的内容分为基于几何信息和融合拓扑信息的装配体检索两类。

(1) 基于几何信息的装配体检索

在数字化产品研制体系中,围绕装配体模型所展开的研发设计工作贯穿于产品的整个生命周期,影响到产品的仿真分析、制造和装配等各个方面[50]。Natraj Iyer[51]在研究中指出,模型的几何信息是影响产品设计与分析的重要因素。随着人们对三维模型空间形状认识与研究的日益深刻,基于几何信息的装配体模型重用理论研究正成为工程设计领域的新焦点[52]。

利用几何信息进行装配体检索的主要思路是将装配体离散为零件信息的集合,通过建立零件表征空间将装配体映射为空间中的点集,在此基础上实现装配体模型的检索。例如,针对轻量化的装配体模型,Hu 等[53]提出了一种基于向量空间模型的检索方法,该方法将装配体分解成零件集合后,借助向量空间模型将装配体表示成向量形式,利用余弦距离计算方法对不同装配体向量间的相似性进行度量。文献[54]提出了一种考虑装配体空间结构的装配体相似性计算方法,利用空间特征点集表示装配体模型,并能够在综合零件属性相似性、零件空间位置相似性的基础上进行空间点集的匹配。实验表明,这种不考虑零件装配关系的检索方式在检索速度上具有一定的优势;同时这种检索方法对用户比较友好,允许输入单个零件模型或输入装配体中的所有零件模型。

(2) 融合拓扑结构信息的装配体检索

对于装配体的设计和制造等过程,零件间复杂多变的拓扑结构信息是进行各类业务的重要依据。目前 CAD 系统中装配体拓扑结构的描述形式通常是层次结构和装配结构[55],前者记录了零件、组件和部件等不同层次模型信息的从属关系信息,通过产品功能聚合使每个部分成为执行特定功能的单元。后者主要记录不同零件的接触、运动等装配约束关系,反映产品如何进行工艺规划、制造及组装等。在装配体不同的层次结构和装配关系耦合下,多个独立的零部件最终组合为一个紧密联系的功能实体。因此,装配体的拓扑结构是设计意图和经验知识的集中体现,同时也是产品装配工艺规划、结构分析等业务的重要参考依据。从拓扑结构角度进行的装配体检索,将能够更好地获取模型中具有更高重用和借鉴价值的信息。

目前,基于拓扑特征的装配体模型表征方法在装配工艺规划领域,特别是在装配顺序规划方面有了广泛的研究基础,例如关系图模型、装配关系矩阵等。在这些已有成果的基础上,部分研究学者利用图或树在表达拓扑结构方面的优势来解决装配结构相似性分析问题。其中,图能够较好地对装配体中零件的连接关系进行表征,而树则更加侧重于装配体的层次关系。例如,Deshmukh 等[56]较早地针对装配体检索问题给出了一个基于内容的装配体检索系统,利用配合图组织装配体所包含的零件和装配信息,并详细给出了相关的检索条件、检索算法和检索策略。唐韦华[57]提出了基于树图匹配的装配体模型评价方法,将规模较大的图匹配问题转换为相互关联的一个树匹配和一个规模较小的图匹配问题,从而缩减了匹配空间并提高了算法效率。

为了保证检索结果能够符合预期范围,仅依赖于拓扑信息往往是不够的,因此多数方法主要以拓扑结构为基础,依托其中各元素对装配体各类属性信息的承载能力,实现装配体拓扑结构信息与零件形状、语义和运动等特征信息的多样性描述,进而采用相关匹配算法实现相似性的综合度量。例如 Chen 等[58]提出了装配体多层次描述规则,涵盖了装配体拓扑结构、装配语义、几何形状和功能等从高层到低层的各类信息,并将各类信息按照装配体层次结构组织成树的形式。Miura[59]以装配连接图描述装配体结构信息,节点对应于装配体中的一个组件,每一条弧对应于组件间的接触、干涉或几何约束关系,通过求解两图间的稳定匹配问题实现装配体结构相似性检索。Tao[60]等在装配体模型中引入了与运动功能密切相关的接触面信息,通过零件接触面的数量、几何类型、凹凸性和接触面之间的关系等描述和分析零件的相似性。Chu 等[61]提出了一种集成多种模型信息的装配体检索方法,涉及多个描述符,包括特征邻接图、拓扑图和形状分布。Zhou[62]等提出了装配体模型的局部匹配方法,构造了装配模型的属性邻接图,通过比较组件之间的连接关系来评估组件之间的相似性。

上述的研究可以看出,国内外众多研究学者主要从装配体零件构成与拓扑结构角度出发,结合几何形状、运动特性、接触关系和层次结构等多种信息,对装配体模型信息检索与重用问题进行了广泛的研究,以满足装配体检索的多样化应用需求。然而,相较于零件模型检索,目前针对装配体模型检索的研究成果依旧较少。

1.3.3 三维模型通用结构发掘

20 世纪 90 年代以来,随着信息技术和计算机制造技术的发展,模块化设计、标准化设计、系列化设计和网络化协同设计等创新方法和理念成为推动产业结构调整和升级的革命性力量。工程技术人员在开发具有多种功能的不同产品时,往往将整个产品划分为多个具有功能结构独立性和标准接口的模块,再通过网络将各个模块的设计制造工作分配至每个部门或外部厂家。据统计,目前的机械产品中有 30%~70%的零部件是标准件或标准模块[63]。在一些具有近似功能的产品中,某些模块往往是普遍存在的,这类频繁出现的模块在模型信息发掘领域被称为“通用结构”,它代表着多个产品间的共性设计知识,是新产品、新工艺等开发过程中重要的可重用信息。因此,以不同产品的三维模型为研究对象,找出其中的通用结构,可以得到具有较高借鉴意义和重用价值的经验和知识。通过对模型资源中的通用结构进行发掘,可以在设计之初就向设计者主动推送具有信息完整性和通用性的高质量重用资源,将极大地提升新产品开发过程的模型重用水平。

通用结构挖掘问题侧重于模型中结构性知识的检索,其一般思路是：首先,参照三维模型检索中图描述符的构建方法,通过一定的前处理和后处理步骤将三维模型的结构、形状与装配关系等信息转换为图的表征形式；然后,以多个模型的图描述符为输入,运用频繁子图挖掘的相关算法进行分析计算并提取三维模型中的常用局部结构。例如,马铁强[64]等提取零件的特征关系建立有向特征关系图,由海量三维零件模型构建有向特征关系图库,并通过频繁子图与零件库之间的映射关系获取典型零件结构。Ma 等[65]根据三维模型的面以及面之间的连接关系得到表示模型的面邻接图,将通用结构发掘问题转换为频繁子图挖掘。Lupinetti 等[66]将结构、形状、接触面和统计数据进行编码构建了装配体多层次描述模型,该模型能够描述部件和组件级别的结构,并最终将装配模型之间的通用结构挖掘转换为多个图之间的子图同构问题。

上述研究表明,通用结构发掘可以看作三维模型局部检索的一种扩展,局部检索是在两个模型之间搜索公共的部分,而通用结构发掘是在多个模型之间获取具有相同结构特征的部分。然而,目前三维模型通用结构发掘的相关研究成果主要针对零件模型,面向装配体模型的通用结构发掘和重用方法仍然需要深入研究。

1.3.4　国内外模型检索平台

近年来,国内外科研机构和企业对三维模型信息发掘与重用技术进行了不同程度的实践性探索,搭建了相应的平台系统。分析发现,基于内容的三维模型检索系统主要面向形状、连接关系、功能结构等信息对模型库资源进行检索与重用。与广泛应用的文本检索技术相比,对用户的检索意图具有更强的描述能力,因此在工程设计、工业设计、影视特效和生物化学等领域具有广泛而深远的意义。目前比较有代表性的三维模型检索系统有：

(1) 3D Model Search Engine[67]

该平台由普林斯顿大学于 2004 年开发完成,旨在促进利用标准化的数据集和评价方法来研究三维模型的分类、聚类、匹配和识别技术。该平台数据库主要涵盖针对游戏、工业设计和影视特效等行业中广泛使用的三维网格模型,适合用户进行角色和场景模型的相似性检索,同时为用户提供了多种用户查询接口,包括关键字、草图和模型实例检索。

(2) LINKable[68]

该平台联合超过 400 家国内外公司建立了涵盖数百万产品零部件、标准件和外购件的模型库,全面支持包括 AutoCAD,CATIA,UG,PROE 和 Creo 等在内的各大主流三维设计软件,因而在机械、电气自动化等多个领域应用广泛。它还提供关键字、变量、2D草图和模型实例的用户查询接口，允许用户在平台下属的三维模型库中利用关键字、草图等方式粗略查找符合设计需求的三维模型，并将检索结果直接作为实例精确检索的输入以获取更为相关的三维模型。

(3) AIM@SHAPE[69]

该平台由欧盟14个大学或机构联盟开发的模型共享数据库，支持关键词检索、语义检索和几何检索3种方式，允许用户上传stl格式自定义模型文件，作为基于实例检索的输入。该平台注重对三维模型形状、拓扑结构、色彩和纹理等语义信息的数字化表达，在表达模型对象的视觉外观的同时确定该模型在给定知识领域的意义或功能。

(4) 其他

除了上述各具特色的三维模型检索平台外，德国莱比锡大学Graphicslab实验室的Vranic博士将基于模型文件的查询方式应用到了其研究成果中；日本国家多媒体教育学院实现的检索平台能够实现对模型进行局部匹配的功能，用户可以通过手机等移动终端查询、操作模型。国内虽然目前尚未出现较为成熟的Web检索系统和商业软件系统，但是一些研究机构针对算法的研究，开发了相应的原型系统来验证所提出算法的有效性。例如浙江大学针对提出的异构三维模型的语义、转换和多层次检索开发了原型系统[70]；中科院是较早开展三维模型检索的研究机构，主要通过提取模型的矩、球面调和等几何特征实现模型检索并开发了算法验证的原型系统[71]；华中科技大学开展了CAD方面的基于属性邻接图的检索算法研究[72]，并利用图的方法实现了装配体模型检索。

综上所述，产品研制模式的变革引发了三维模型信息挖掘内涵的不断变化。在发掘内容方面，从单一的功能或结构发掘向多维信息综合发掘发展；在发掘对象方面，从三维零件模型向三维装配体模型发展；在应用范围方面，从设计阶段的结构信息重用向仿真实验、工艺设计和维修维护等下游阶段发展。本书后续内容将重点围绕产品结构中的装配体模型展开。

参考文献

[1] QUINTANA V, RIVEST L, PELLERIN R, et al. Will model-based definition replace engineering drawings throughout the product lifecycle? A global perspective from aerospace industry [J]. Computers in Industry, 2010, 61(5): 497-508.

[2] Aberdeen Group, The design reuse benchmark report[R]. [S. l.: s. n], 2007.

[3] SCHERER A. Reuse of CAD design objects by a neural-network approach[J]. Engineering Applications of Artificial Intelligence, 1996, 9(4): 413-421.

[4] MARR D, NISHIHARA H K. Representation and recognition of the spatial organization of three-dimensional shapes[J]. Proceedings of the Royal Society of London, 1978, 200(1140): 269-294.

[5] WOODHAM R J. Stable Representation of Shape[M]. Vancouver: University of British

Columbia,1987.

[6] BINFORD O T. Survey of model-based image analysis systems[J]. The International Journal of Robotics Research,1982,1(1): 18-64.

[7] BRADY M. Criteria for Representations of Shape[J]. Human and Machine Vision,1983:39-84.

[8] HARALICK R M,MACKWORTH A K,TANIMOTO S L. Computer-Vision Update[M]. Handbook of artificial intelligence. Addison-Wesley,1989: 519-582.

[9] MOKHTARIAN F and MACKWORTH A K. A Theory of Multiscale Curvature-based Shape Representation for Planar Curves[J]. IEEE Transactions on Pattern Analysis and Machine Intelligence,1992,14(81): 789-805.

[10] 白静.面向设计重用的三维CAD模型检索[D].杭州:浙江大学,2009.

[11] ULLMANN J R. An algorithm for subgraph isomorphism[J]. Journal of the ACM,1976,23(1):31-42.

[12] CORDELLA L P,FOGGIA P,SANSONE C,et al. Performance evaluation of the VF graph matching algorithm [C]//International Conference on Image Analysis & Processing. IEEE Computer Society,1999.

[13] CORDELLA L P,FOGGIA P,SANSONE C,et al. A (sub)graph isomorphism algorithm for matching large graphs[J]. IEEE Transactions on Pattern Analysis and Machine Intelligence,2004,26(10): 1367-1372.

[14] 马露杰,黄正东,吴青松.基于面形位编码的CAD模型检索[J].计算机辅助设计与图形学学报,2008(1): 21-27.

[15] TAO S Q,HUANG Z D,MA L J,et al. Partial retrieval of CAD models based on local surface region decomposition[J]. Computer-Aided Design,2013,45(11): 1239-1252.

[16] THOMAS F,PATRICK M,MICHAEL K,et al. A search engine for 3D models[J]. ACM Transactions on Graphics,2003,22(1): 83-105.

[17] BORLUND P. The concept of relevance in IR[J]. Journal of the American Society for Information Science & Technology,2003,54(10): 913-925.

[18] PATEL N V,SETHI I K. Video shot detection and characterization for video databases [J]. Pattern Recognition,1997,30(4): 583-592.

[19] TANGELDER J W H,VELTKAMP R C. A survey of content based 3D shape retrieval methods[J]. multimedia tools & applications,2008,39(3): 441-471.

[20] QIANG J,MICHAEL M,et al. Machine interpretation of CAD data for manufacturing applications[J]. Acm Computing Surveys,2002,29(3): 264-311.

[21] KYPRIANOU L K. Shape classification in computer-aided design [microform][D]. Cambridge: University of Cambridge,1980.

[22] JOSHI S,CHANG T C. Graph-based heuristics for recognition of machined features from a 3D solid model[M]. Oxford: Butterworth-Heinemann,1988.

[23] RAMESH M,YIP-HOI D,DUTTA D. Feature based shape similarity measurement for retrieval of mechanical parts [J]. Journal of Computing & Information Science in Engineering,2001,1(3): 245-256.

[24] ZHOU X,QIU Y,HUA G,et al. A feasible approach to the integration of CAD and CAPP [J]. Computer Aided Design,2007,39(4): 324-338.

[25] HERRMANN J W,INGH G. Design similarity measures for process planning and design

evaluation[J]. [S. l. : s. n.],1997

[26] 张开兴,张树生,白晓亮,等. 一种属性图同构的三维 CAD 模型局部匹配算法[J]. 西安:西安交通大学学报,2010,44(11):56-60.

[27] JEON S M,LEE J H,HAHM G J,et al. Automatic CAD model retrieval based on design documents using semantic processing and rule processing[J]. Computers in Industry,2016,77:29-47.

[28] STEFAN B, DANIEL A K, KRIEGEL H P. Section coding: Ein verfahren zur ähnlichkeitssuche in CAD-Datenbanken[M]//Datenbanksysteme in Büro, Technik und Wissenschaft. Berlin: Springer Berlin Heidelberg,1997.

[29] OSADA R, FUNKHOUSER T, CHAZELLE B, et al. Shape distributions[J]. ACM Transactions on Graphics,2002,21(4):807-832.

[30] LIU X G,SU R,KANG S B,et al. Directional Histogram Model for Three-Dimensional Shape Similarity[C]//IEEE Computer Society Conference on Computer Vision & Pattern Recognition. Piscataway: IEEE Press,2003.

[31] GAL R, SHAMIR A, COHEN O D. Pose-Oblivious Shape Signature[J]. IEEE Transactions on Visualization & Computer Graphics,2007,13(2):261-271.

[32] VRANIC D V,SAUPE D,RICHTER J et al. Tools for 3D-object retrieval: Karhunen-Loeve transform and spherical harmonics[C]//2001 IEEE Fourth Workshop on Multimedia Signal Processing,Cannes,2001.

[33] KOBBELT L,SCHRDER P, Kazhdan M, et al. Rotation invariant spherical harmonic representation of 3D shape descriptors[J]. Eurographics Symposium on Geometry Processing,2003,43(2):156-164.

[34] PASTOR L, ANGEL R, GUEZ A, et al. 3D wavelet-based multiresolution object representation[J]. Pattern Recognition,2001,34(12):2497-2513.

[35] THOMAS F,PATRICK M. A search engine for 3D models[J]. Acm Transactions on Graphics,2003,22(1):83-105.

[36] OHBUCHI R,OSADA K,FURUYA T,et al. Salient local visual features for shape-based 3D model retrieval[C]//Shape Modeling and Applications, 2008. SMI 2008. IEEE International Conference on. Piscataway: IEEE Press,2008.

[37] CHEN D Y,TIAN X P,SHEN Y T,et al. On visual similarity based 3D model retrieval[J]. Computer Graphics Forum,2010,22(3):223-232.

[38] WANG F,LIN L,TANG M. A new sketch-based 3D model retrieval approach by using global and local features[J]. Graphical Models,2014,76:128-139.

[39] 马露杰. 三维 CAD 模型形状结构分析方法[D]. 武汉:华中科技大学,2009.

[40] SUNDAR H,SILVER D,GAGVANI N,et al. Skeleton based shape matching and retrieval[C]//Shape Modeling International. Piscataway: IEEE Press,2003.

[41] LOU K,JAYANTI S,IYER N. A reconfigurable 3D engineering shape search system:Part Ⅱ, ultiresolutional similarity assessment and retrieval of solid models based on DBMS[M]. [S. l. : s. n.],2003.

[42] HILAGA M,SHINAGAWA Y,KOMURA T,et al. Topology matching for fully automatic similarity estimation of 3D shapes[C]//Proceedings of the 28th annual conference on Computer graphics and interactive techniques. New York: ACM Press,2001.

[43] MOHAMED W,HAMZA A B. Reeb graph path dissimilarity for 3D object matching and retrieval[J]. Visual Computer,2012,28(3):305-318.

[44] TIERNY J,VANDEBORRE J P,DAOUDI M. Partial 3D shape retrieval by reeb pattern unfolding[J]. Computer Graphics Forum,2009,28(1):41-55.

[45] BARRA V,BIASOTTI S. 3D shape retrieval using Kernels on extended Reeb graphs[J]. Pattern Recognition,2013,46(11):2985-2999.

[46] 万丽莉,赵沁平,郝爱民.一种基于部件空间分布的三维模型检索方法[J].软件学报,2007(11):240-251.

[47] SHI B,BAI S,ZHOU Z,et al. DeepPano: Deep Panoramic Representation for 3D Shape Recognition[J]. IEEE Signal Processing Letters,2015,22(12):2339-2343.

[48] WANG Y, XIE Z, XU K, et al. An Efficient and effective convolutional auto-encoder extreme learning machine network for 3D feature learning[J]. Neurocomputing, 2015, 174(PB): 988-998.

[49] LUPINETTI K,GIANNINI F,MONTI M,et al. Multi-criteria retrieval of CAD assembly models[J]. Journal of Computational Design and Engineering,2018,5(1):41-53.

[50] KUNWOO L. CAD/CAM/CAE 系统原理[M].北京:电子工业出版社,2006.

[51] IYER N, JAYANTI S, LOU K, et al. Shape-based searching for product lifecycle applications[J]. Computer Aided Design,2005,37(13):1435-1446.

[52] ATTENE M, BIASOTTI S, MORTARA M, et al. Computational methods for understanding 3D shapes[J]. Computers & Graphics,2006,30(3):323-333.

[53] HU K M,WANG B,YONG J H,et al. Relaxed lightweight assembly retrieval using vector space model[J]. Computer Aided Design,2013,45(3):739-750.

[54] 伍英杰,高琦.产品装配体模型的空间结构相似性检索方法[J].计算机辅助设计与图形学学报,2014(1):115-122.

[55] TOCHE B,HUET G,MCSORLEY G,et al. A Product lifecycle management framework to support the exchange of prototyping and testing information[C]//ASME International Design Engineering Technical Conferences & Computers & Information in Engineering Conference. New York: ASME Press,2010.

[56] DESHMUKH A S,BANERJEE A G,GUPTA S K,et al. Content-based assembly search: A step towards assembly reuse[J]. Computer-Aided Design,2008,40(2):244-261.

[57] 唐韦华.基于高效图匹配的三维 CAD 模型相似评价[D].杭州:浙江大学,2010.

[58] CHEN X,GAO S,GUO S,et al. A flexible assembly retrieval approach for model reuse [J]. Computer Aided Design,2012,44(6):554-574.

[59] MIURA T, KANAI S. 3D Shape Retrieval considering Assembly Structure:-Similarity measure including constraint conditions between components [C]//JSPE Semestrial Meeting. [S. l.]: The Japan Society for Precision Engineering,2009.

[60] Tao S Q, HUANG Z D. Assembly model retrieval based on optimal matching[M]// Software engineering and knowledge engineering: Theory and practice. Berlin: Springer,2012.

[61] CHU C H, HSU Y C. Similarity assessment of 3D mechanical components for design reuse[J]. Robotics and Computer-Integrated Manufacturing,2006,22(4):332-341.

[62] ZHANG X T. Research on assemblies retrieval and indexing based on bipartite graph[J].

Journal of Computer Aided Design & Computer Graphics,2005(9):2106-2111.

[63] 朱春生.基于UG的飞机工装标准件库技术的研究与实现[D].南京:南京航空航天大学,2007.

[64] 马铁强,徐成荫,刘颖明.基于频繁子图挖掘的典型零件结构获取方法[J].组合机床与自动化加工技术,2011(11):34-38,42.

[65] MA L J,HUANG Z D,WU Q. Extracting common design patterns from a set of solid models[J]. Computer Aided Design,2009,41(12):952-970.

[66] LUPINETTI K,GIANNINI F,MONTI M,et al. Multi-criteria retrieval of CAD assembly models[J]. Journal of Computational Design and Engineering,2018,5(1):41-53.

[67] Princeton 3D Model Engine. [EB/OL]. [2022-01-27]. http://shape. cs. princeton. edu/search. html.

[68] 三维CAD零部件在线模型库.[EB/OL].[2022-01-27]. https://linkable. partcommunity. com.

[69] The Aim@Shape Shape Respository. [EB/OL]. [2022-01-27]. http://shapes. aim-at-shape. net/index. php.

[70] 陈磊.异构CAD产品模型的数据分层表示及重用技术研究[D].杭州:浙江大学,2008.

[71] 刘玉杰,李宗民,李华,等.三维U系统矩与三维模型检索[J].计算机辅助设计与图形学学报,2006(8):29-34.

[72] 陶松桥,黄正东.基于属性邻接图匹配的装配体模型搜索方法[J].计算机辅助设计与图形学学报,2011,23(2):290-297.

第2章

三维模型可重用信息构成分析

2.1 引言

在三维 CAD 建模系统出现之前，二维工程图是制造业产品设计、加工与装配等环节的通用语言。二维工程图由于缺少三维空间信息，在信息传递的过程中需要用户综合多种视图来理解产品的几何外观与技术要求信息，在信息上下游传递的过程中容易存在二义性。相比较而言，三维模型在准确地反映设计意图、促进产品研制人员的信息沟通方面具有显著优势。因此，在三维 CAD 建模系统应用初期，制造企业在相当长的一段时间内采用了“3D 模型＋2D 标注”的产品研制模式，即利用 CAD 软件构建产品的三维模型，然后通过投影、消隐生成二维工程图后进行必要的修改和标注，再将二维工程图和三维模型同时作为交付物向下游环节传递。在该模式中，三维模型的几何特征信息表现能力得到充分发挥，但由于缺乏有效的制造工艺和检验信息的三维表示方法，致使加工制造中几何结构、制造要求等重要信息的共享与传递仍依赖于二维工程图。

进入 21 世纪，MBD 已成为 CAD 技术发展的重要趋势之一，它改变了传统的以二维工程图纸为主的研制模式[1-2]，充分利用三维模型开发了用户更容易理解的设计制造一体化表达方式。在 MBD 技术的支撑下，三维模型通过系统集成的方式，能够完整表达包括几何结构、制造工艺、装配误差和质量要求等的产品全生命周期信息，并最终成为产品设计、生产和制造等生命周期过程中的唯一数据来源，使产品结构设计、工艺与工装设计和产品制造与检验等环节形成了高度集成的信息共享机制，促进制造业真正实现了无纸化的生产模式。

分析发现，随着 CAD 技术的不断发展和成熟，以三维模型为主要媒介所承载和关联的产品研制信息日趋多样化，这些信息包括文本、图形、视频和数据库文件等各种形态，在产品研制过程中扮演着重要的角色。与此同时，产品研制模式的变革也带动了信息重用模式的变革，围绕三维模型发掘和组织可重用信息，进而开展知识工程平台建设成为提升研制效率的关键途径。本章重点分析三维模型信息的可重用性，明确模型信息的分类和构成，为本书后续内容奠定基础。

2.2 三维模型信息的可重用性

三维模型信息的可重用性是指三维模型关联的产品全生命周期数据在新产品研制过程中能够被再次使用的能力，对新产品设计、制造和维护等业务效率的提升有重要意义。三维模型的可重用信息内容包括狭义和广义两个层面：①狭义上的可重用信息指的是在三维CAD系统中产生的信息，包括产品的设计意图、几何外观、功能以及层次结构等，因此狭义上的模型信息重用指产品零部件结构信息的重用；②广义上的可重用信息是指在产品数据管理技术的支撑下，在产品各生命周期的不同阶段产生，并与三维模型关联的各类历史数据，包括设计需求、技术原理、工艺文档、质量要求和使用维护指导等。例如，通过参考已有产品的技术标准及质量要求进行新产品的标准化设计属于广义三维模型信息的重用。

虽然在产品全生命周期中会产生大量有价值的数据，但其中部分数据并不能被工程人员有效重用。例如，车间生产及排产计划等数据与企业订单数量、库存等状态相关联，因此在企业持续变动的生产状态下将会很快失效。为了更好地认识和管理三维模型的可重用信息，本书对影响三维模型信息可重用性的因素进行讨论，主要包括模型所承载信息的正确性、完备性、功能共性、可获取性以及可修改性等。

(1) 信息正确性

信息正确性是指三维模型经过产品设计的实践检验，被证明可以满足一定的功能需求，且这种满足需求的能力在相同约束条件下能够继续维持。在产品研制的初始阶段，设计者很难保证产品设计的正确性，只有在完成产品详细设计并经过严谨的验证之后，这种正确性才能够得到确认。

(2) 信息完备性

信息完备性是指三维模型承载设计结果信息和关联设计过程信息的能力。从信息重用的角度来说，单一的设计结果信息对新产品研制人员的可复用价值有限，其设计结果背后关联的需求分析、设计原理、仿真计算和制造工艺等信息能够用于追溯整个设计过程。例如，若研制人员仅能够获取已有三维模型的结构信息，而无法利用对应的过程信息来帮助理解产品的设计意图，则无法促进新产品研制效率的有效提升。

(3) 功能共性

功能共性是指在特定行业领域内相同的产品结构应承载相同的功能需求。三维模型信息在保证信息正确性和完备性的前提下，若能够满足行业领域范围内的功能共性，则可在没有颠覆性更改的情况下指导新产品的开发工作，因此该特性是决定三维模型信息可重用范围大小的关键因素之一。

(4) 可获取性

可获取性是指研发人员通过技术手段获取所期望的三维模型信息的能力。三维建模相关的标准规范、模型的存储方式以及产品数据的管理模式对信息获取都有至关重要的影响。一般来说，信息获取本身需要消耗企业资源，若其代价过高则失去了信息重用的意义。企业数字化产品研制体系的标准化和模型资源的统一管理将为信息重用奠定坚实的基础。

（5）可修改性

可修改性是指可重用模型信息能够被研制人员方便地修改，并可在新的需求环境中被再次使用。在修改过程中，原有的信息单元不断地吸取新的知识从而具有更高的可重用性，同时能够修正原有信息的设计错误或适应性。模型信息的可修改性依赖于企业知识工程平台的建设，需要通过信息重用的流程固化和标准接口来保证。

从上述分析可以看出，三维模型信息的可重用性涉及的方面众多，不仅受到模型及其关联信息的影响，而且与企业的数字化平台建设直接相关。只有将模型信息重用作为知识工程的重要组成部分，开展具有体系性的规划与部署工作才能发挥预期的效能。

2.3　三维模型索引信息的构成

为了能够确定可重用模型信息的范围并筛选出研制人员需要的结果，通常需要构建用于信息查询的索引，使产品研制人员能够方便高效地获取知识。三维模型的索引信息是指能够被计算机识别，并可用于建立相似性索引机制的可重用信息，包含功能、结构、加工和装配等各种类型。近年来，随着国内外众多科研单位、制造企业对信息发掘与重用的持续关注，三维模型检索领域的新理论、新方法得以迅速发展，使模型中越来越多的信息可以被用于建立信息索引结构。

通过对模型信息发掘需求的分析发现，产品的三维模型索引信息应包含零件信息、装配信息、功能信息和层次信息 4 部分内容，各类信息的构成如图 2-1 所示。

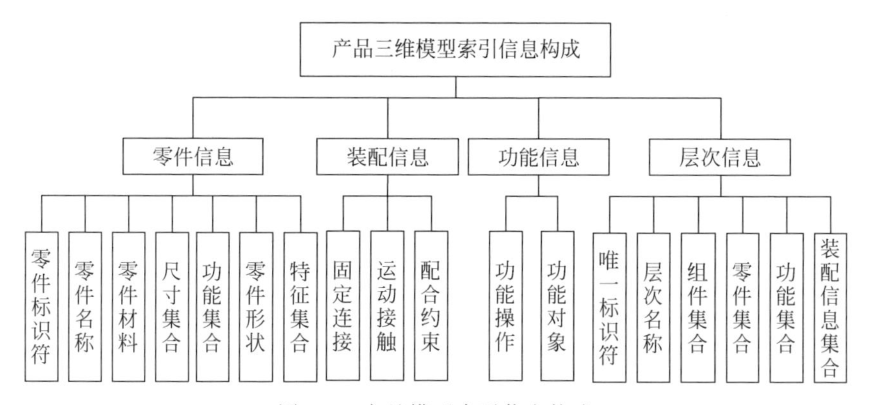

图 2-1　产品模型索引信息构成

2.3.1 零件信息

零件作为构成产品的最基本单元，所包含的信息反映了设计人员对零件的全部设计意图。在目前的研究应用中，一般认为零件信息大致可分为非几何信息和几何信息两类[3]。考虑到零件信息与工程应用的关联关系，这里将其称为“基础语义信息”和“形状特征信息”。

1）基础语义信息

基础语义信息主要由一系列具有工程意义的文本、数值等字节数据构成，这类信息在三维模型和数据管理系统中完整地保存，能够从全局角度对零件模型进行描述。由于字节的索引计算对计算资源的占用非常小，该类信息适用于在大规模数据库中进行三维模型的非精确检索和对低价值对象的快速过滤。基础语义信息主要包括零件名称、类型、尺寸、功能及材料等方面。

（1）零件名称

零件名称是对零件的简要语义描述，工程技术人员能够通过零件的名称快速获知零件的一部分信息。在目前的三维模型检索系统中，通过零件的文件名称快速定位相关资源的做法较为普遍。

（2）零件类型

零件类型可根据零件的相关设计文档得到，一般由企业中有经验的设计人员按行业约定俗成的标准进行标注。企业可按照零件类型的不同建立支持信息发掘的结构化模型库，使工程技术人员在模型检索过程中能够通过零件类型快速过滤与检索意图不相关的模型，进而提高模型检索效率。

（3）物理特征

物理特征由描述零件中具有特定物理意义的数值构成，包括表面积、体积、转动惯量和包络体尺寸等，一般可从CAD系统中直接获得。由于数据获取与计算方式较为便捷，信息检索与重用过程中可以通过零件物理特征信息来快速过滤低价值信息，进而降低计算成本。

（4）零件功能

零件功能是零件设计意图的重要表达方式，其表示方法将在2.3.3节中进行详细介绍。

（5）零件材料

零件材料是零件的重要属性，对产品研发过程的影响主要体现在零件功能设计和加工制造等方面，是进行设计重用时需要考虑的因素之一。

2）形状特征信息

形状特征信息主要由描述零件几何形状和工程特征的高维向量、图像等数据构成。在当前的零件模型检索方法中，形状特征的量化表达与匹配计算是研究重点。该类方法对三维模型的形状特征描述较为精确，因此可用于在特定检索范围内的三维模型精确匹配。分析发现，目前支持零件模型相似性分析与检索的形状特征可分为几何形状信息与几何特征信息两类：

（1）几何形状信息

几何形状信息是通过一定的技术手段，将三维空间视觉图形抽象为可进行量化分析的结构化数据，是三维模型相似性判断的重要依据。近年来，随着三维模型检索技术的发展，众多学者对零件空间形状的量化描述方式进行了深入探究。1.3.2.1节已经对各种描述方法进行了详细介绍，该类方法一般将零件的几何形状信息量化为高维向量的形式，在工程应用中根据实际情况选取一种满足需求的描述方式即可。

（2）几何特征信息

工程特征是零件上一组相互关联的几何实体所构成的特定功能外形，通常具有特定的设计或制造意义，例如孔、轴、凹槽、凸台及腔体等，是产品研发过程中确定公差分布、规划加工及装配工艺的重要依据。其中，各类特征又可根据具体功能和形状的不同分为若干小类，例如孔可包括通孔、盲孔、螺纹孔和沉头孔等。这些特征能够通过模型特征分解以及机器学习等技术进行获取，进而支持零件特征信息的管理操作。目前，在三维模型检索领域的相关研究中，零件中的几何特征信息(PFeature)大多用图的形式进行组织与描述：

$$\text{PFeature}=\{V,E\} \tag{2-1}$$

式中：V 表示图的顶点集合，每个顶点对应于零件模型中一个几何特征；E 表示图中边的集合，两个顶点间的连接边表示对应的几何特征间存在接触关系。

由上述分析可知，零件模型中的索引信息由基础语义信息和形状特征信息两部分构成，可分别用 PAInfo 和 PSInfo 表示：

$$\begin{cases}\text{Part}=\{\text{PID},\text{PAInfo},\text{PSInfo}\}\\ \text{PAInfo}=\{\text{PName},\text{PType},\text{PFuncSet},\text{PSizeSet},\text{PMaterial}\}\\ \text{PSInfo}=\{\text{PShape},\text{PFeature}\}\end{cases} \tag{2-2}$$

式中：PID 表示零件的唯一标识，可用包含数字和字母的字符串表示。从某种程度上说，PID 是零件模型在检索计算过程中的抽象性表达，它与零件存在一一对应的关系，能够在完成相似性计算后通过文本检索技术快速识别和定位零件所在的位置，因此可以利用 PID 建立零件的快速索引和分类机制；PName，PType，PMaterial，PFuncSet，PSizeSet，PShape，PFeature 分别表示零件的名称、类型、材料、功能集合、尺寸集合、几何形状和几何特征信息。

2.3.2 装配信息

装配信息主要反映产品各独立零部件之间如何通过特定的关联关系满足产品的设计意图，是工程技术人员在进行工艺设计、装配仿真及生产线规划等业务中的主要依据，包括机械产品零部件之间的配合定位、相对运动关系以及由此导出的各种约束关系等。可将产品装配信息分为 3 类：固定连接、运动接触和配合约束。

（1）固定连接

固定连接是指采用连接件或通过自身外形特征，将两个或多个零件进行连接最终形成整体稳定的一种连接方式。根据《机械设计手册》[4]的一般知识，产品中常见的固定连接形式包括：螺纹连接、键和花键连接、销连接和联轴器连接等类型。在两个零部件实现固定连接的过程中，可能会涉及一些标准连接件，例如铆钉、螺钉和螺栓等。因此，工程技术人员可以在进行装配信息描述时预先建立标准连接件的模型库，使其能够随时从模型库中获取连接件的类型信息进而提高效率。

（2）运动接触

运动接触是指以运动副的形式存在于两个零件之间的一种接触方式，它通过对零件自由度进行限制从而使产品获得特定形式的运动特征。与固定连接不同，运动接触所关联的两个零件相互直接接触并能够产生相对运动，因此在信息表达中无需考虑连接件的构成。运动接触在配合约束的作用下使产品零部件的运动方式都有规律可循。在产品开发过程中，产品的运动特征往往隐含表达了工程设计人员的产品设计意图[4]，并对装配工艺具有重要的影响意义。《机械设计手册》[5]中给出了机械设计中常用的运动副，例如转动副、移动副、螺纹副、圆柱副和凸轮副等，在实际应用过程中可在此基础上根据具体的需求进行拓展。

（3）配合约束

配合约束是具有固定连接或运动接触关系的零件中几何特征间的接触约束关系，它描述了两个相互配合的零件如何通过若干几何特征的相互接触实现相互联系。配合约束决定了零部件在产品最终装配结构中的空间位置与姿态，是产生产品装配顺序和评价可装配性的重要依据。配合约束是一种几何性质上的约束，但不同于一般几何意义上定义的约束关系，例如平面贴合、平面对齐（同向）、直线对齐（共线）、角度关系和平行关系等，这种约束必定存在零件之间的表面接触。配合关系一般包括平面与平面贴合、柱面贴合（公称尺寸相同下的同轴）、平面与回转面相切和点面接触等类型。

在配合约束中，配合面是零件配合约束信息的重要载体，它是指一个零件模型中与其他零件存在配合约束关系的模型边界面。由于需要和其他零件保持接触关系，产品研制过程中通常会在配合面上附加众多制造信息，例如加工精度、表面粗糙度和制造工艺等，因此配合面是零件模型中具有重要重用价值的对象。在产品研发过程中，为了保证配合面的可制造性要求，配合面通常由一个或多个配合面元素构成，例如平面、柱面和球面等。多个配合面元素通过一定的拓扑关系能够实现配合面的量化表达，进而支持产品装配信息的匹配分析与检索。

在上述的三类装配关系中，配合约束是其他装配关系的基础，用于描述较低抽象层次的装配关系语义，即装配关系的具体体现，被装配零件正是通过零件之间的相互配合来实现产品的装配。配合的实现需要产品零部件构成一个相互连接的整体，限制了零件之间的相互运动，保证产品能够按照设计师的意图完成产品功能。

由上述的分析可知，产品的装配信息可以分解为固定连接、运动接触和配合约束，可分别用 FAssPair，KAssPair，CAssPair 进行描述：

$$\begin{cases}\text{FAssPair}=\{\text{FID},\text{FForm},\text{FPartSet},\text{FConPartSet}\}\\\text{KAssPair}=\{\text{KID},\text{KForm},\text{KPartSet},\text{KFreeSet}\}\\\text{CAssPair}=\{\text{CID},\text{CForm},\text{CPartSet},\text{CFeatureSet}\}\end{cases}\tag{2-3}$$

式中：FAssPair，KAssPair，CAssPair 分别表示装配体模型中固定连接、运动接触和配合约束的信息集合；FID，KID，CID 分别表示装配体模型中固定连接、运动接触和配合约束的唯一标识；FForm，KForm，CForm 分别表示装配体模型中固定连接、运动接触和配合约束的形式，可由字符串表示；FPartSet，KPartSet，CPartSet 分别表示装配体模型中完成固定连接、运动接触和配合约束所需连接件的集合，该集合中的元素可由 2.3.1 节的 PID 构成；FConPartSet 表示装配体模型中完成固定连接所需连接件的集合；CFeatureSet 表示装配体模型中构成配合约束关系的配合面集合。

2.3.3　功能信息

产品的功能信息包含了大部分设计意图[6]，对于理解产品的结构、用途以及设计思路具有十分重要的作用，是产品设计活动的核心概念。因此，准确的功能描述有助于在可重用信息发掘时对已有三维模型的设计特性进行有效捕获。文献[7]在对产品功能特征进行层次化分析的研究基础上，提出可将功能描述为“动词＋名词”的形式，通过动词和名词所组成的词组表达产品的设计功能，例如传递动力、改变方向等。这种描述方式实际上是一种“操作＋对象”的模式，即利用动词和名词分别表示操作和操作对象，因此功能信息可以表示为

$$\text{Function}=\{\text{Foperate},\text{Fbbject}\}\tag{2-4}$$

式中：Foperate 表示功能中的操作；Fobject 表示功能中的对象。

按照三维模型层次关系，功能信息可以分解为产品功能、组件功能和零件功能，分别 Afunc，Cfunc 和 Pfunc 进行描述：

$$\begin{cases}\text{Afunc}=\{\text{AFoperate},\text{AFobject}\}\\\text{Cfunc}=\{\text{CFoperate},\text{CFobject}\}\\\text{Pfunc}=\{\text{PFoperate},\text{PFobject}\}\end{cases}\tag{2-5}$$

式中：Afunc，Cfunc，Pfunc 分别表示产品功能、组件功能和零件功能；AFoperate，CFoperate，PFoperate 分别表示产品功能、组件功能和零件功能中的操作；AFobject，CFobject，PFobject 分别表示产品功能、组件功能和零件功能中的对象。

2.3.4 层次信息

机械产品通常是由具有明显层次关系的零部件所组成的系统,往往能自上而下分解成若干个部件,部件还可以再分解为若干更下层的零件和子部件。这种层次关系能够描述产品的组合形式、装配结构、装配关系和装配顺序,其目的是为了方便工程设计与制造等活动的组织实施,使与产品相关的工程技术人员能够对产品的结构和功能更直观地理解。模型层次信息与人们的装配设计、规划和分析活动紧密关联,是产品中各类信息组织和使用的关键。在信息检索与重用领域中,层次信息大多与装配信息结合,以对产品的组织结构进行描述,用于实现局部结构与通用设计单元的发掘。

在考虑三维模型层次信息的描述时,文献[8]认为不仅需要用适当的数据结构处理装配信息之间的联系,还需要从这种组织结构的层次性出发,分析多应用领域和不同信息抽象粒度对各方面装配信息的影响。为了保证产品信息在检索过程中的正确、有效和一致,需要以层次结构为基础建立各类产品信息的维护规则或方法。三维模型的层次信息可以用式(2-6)中的 Structure 进行描述:

$$\begin{cases}\text{Structure} = \{\text{AID}, \text{AName}, \text{AComSet}_i, \text{APartSet}, \text{AFuncSet}, \text{AAssSet}\} \\ \text{AComSet}_i = \{\text{AID}, \text{AName}, \text{AComSet}_{i+1}, \text{APartSet}, \text{AFuncSet}, \text{AAssSet}\} \\ \text{APartSet} = \{\text{Part}_1, \text{Part}_2, \cdots, \text{Part}_n\} \\ \text{AFuncSet} = \{\text{Function}_1, \text{Function}_2, \cdots, \text{Function}_n\} \\ \text{AConSet} = \{\text{Assembly}_1, \text{Assembly}_2, \cdots, \text{Assembly}_n\}\end{cases} \tag{2-6}$$

式中:AID,AName 分别表示当前层次装配体模型的唯一标志符与模型名称。与零件信息中的 PID 与 PName 类似,模型标志符与名称信息在检索中主要用于建立模型资源的快速索引和分类机制,工程技术人员能够快速过滤与检索意图不相关的内容。AComSet,APartSet,AFunSet,AAssSet 分别表示当前层次下装配体模型中组件、零件、功能信息与装配信息所构成的集合。其中,AComSet_{i+1} 是构成 AComSet_i 的所有子装配体。在上述 4 个集合中,AComSet 所描述的层次信息将各个层次装配体模型中的零件信息、装配信息与功能信息按照产品的设计结构有机地组织起来。若将层次信息看成树干,那么零件信息、装配信息和功能信息则是树干上的叶子。Part,Function,Assembly 分别表示特定的一组零件、功能和装配信息,其描述方法分别在 2.3.1 节、2.3.2 节、2.3.3 节中进行了详细叙述。

2.4 模型关联的产品生命周期信息

从 20 世纪 90 年代开始,随着计算机辅助技术在制造业中的普及应用,产品从设计生产到维护的整个过程发生了根本性变化,极大地提高了产品的研制效率和质量。在企业的多种硬件平台上，运行了CAD，CAE，CAM及各类文档软件系统，每天都在产生大量有关产品的各式各样的数据信息。面对计算机技术发展带来的海量数据，需要一个统一的数据管理系统对产品的各类信息进行控制性管理，产品数据管理（product data management，PDM）与产品生命周期管理（product lifecycle management，PLM）技术应运而生。PDM/PLM系统能够对设计、制造和生产过程中需要的大量数据进行跟踪与支持，使三维模型与其所关联的各类数据在企业各级部门中自由共享，成为实现数字化设计制造的重要保障。

为了提高工程技术人员对产品信息的利用效率，目前主流的数据管理系统能够以多种方式支持分类和检索功能，零件、文档和其他项目数据可以通过这些功能模块按照各自的特性进行查找。例如，分类技术是实现快速查询的支持技术之一，它与面向对象的技术相结合将具有相似特性的数据划为一类，并赋予其一定的属性和方法，保证用户能够在分布式环境中高效地查询文档、零件和工作流等数据。PDM/PLM同时也提供了三维模型数据的分类管理功能，通过系统定义和管理零件分类结构的柔性能力，实现具有层次化的分类结构，即“零件族树”的概念，为工程技术人员方便地使用产品全生命周期数据提供了一个良好的途径。

随着面向三维模型的信息发掘与重用技术理论逐渐成熟，若能将其与PDM/PLM技术对产品数据的管理能力相结合，则可能进一步提升工程人员对产品数据的应用能力。一方面，随着模型信息重用理论的不断创新与发展，模型信息的获取方式、表达方法日趋多样化，越来越多的信息能够被用于发掘与重用，进而保证了检索结果的准确性；另一方面，在PDM/PLM高度集成化的产品数据管理框架下，三维模型与各类文档数据、产品配置数据以及工作流等数据被紧密联系起来，将使信息重用理论在企业中的应用范围被进一步拓展。例如，若工程技术人员通过三维模型检索技术定位目标产品的三维模型，也就意味着能够在PDM/PLM系统中获取该模型所关联的全生命周期数据。

信息发掘技术与PDM/PLM技术的融合将能够产生新的数据管理模式：工程技术人员可以通过零部件搜索引擎快速获取目标零部件模型的网络位置，然后根据各自的业务需求对检索到的目标零部件进行任何被允许的操作，或进一步查找PDM/PLM系统中与模型所关联的其他数据信息。这种新模式将能够显著地提高产品研制效率，有效地促进和提高零部件的通用化、标准化程度。

参考文献

[1] 成彬，田莹莹，白茜.基于MBD的三维模型信息标注与管理[J].煤矿机械，2015，36(11)：276-278.

[2] ALEMANNI M, DESTEFANIS F, VEZZETTI E. Model-based definition design in the product lifecycle management scenario[J]. International Journal of Advanced Manufacturing Technology，2011，52(1)：1-14.

[3] 许国玉. 回转体零件特征建模方法研究[D]. 哈尔滨：哈尔滨工程大学，2002.

[4] 南风强，汪惠芬，郝翠霞，等. 网络协同数字化预装配系统关键技术[J]. 计算机集成制造系统，2010，16(4)：724-730，745.

[5] 机械设计手册编委会. 机械设计手册. 第5卷[M]. 北京：机械工业出版社，2004.

[6] UMEDA Y，TOMIYAMA T. FBS modeling：Modeling scheme of function for conceptual design[J]. [S. l. ：s. n.]，1995.

[7] 唐敦兵，康与云. 功能建模驱动的产品设计方案求解方法[M]. 北京：科学出版社，2014.

[8] 王波，唐晓青，耿如军. 机械产品装配关系建模[J]. 北京航空航天大学学报，2010，036(1)：71-76.

第2篇
装配体模型检索

在当前的数字化研制体系中，产品研制业务的组织主要围绕产品结构展开，而各类业务所产生的信息主要由三维模型承载和关联。因此，研制过程中工程人员获取已有设计资源信息的问题可转换为模型检索问题。检索是通过已知需求发现并获取符合检索意图的可用信息的过程，其实施基础是已经整理好的模型资源库。装配体中所包含的零件及其拓扑结构等信息作为产品信息的主要载体，是产品研制人员专业知识和经验的重要体现。通常，产品从设计、制造到维护的全生命周期过程都会涉及装配相关的业务，包括可装配性分析、工艺设计、装配仿真和维修维护等。因此，以装配体模型及其关联的研制信息为对象进行检索，将能够支持工程实际应用中多类业务的高效开展，对加速产品研制过程具有重要的实践意义。

装配体模型本身所包含信息的复杂性导致其检索难度比零件检索更大。围绕不同的检索需求，装配体检索方法所处理的信息类型具有较大的差异。例如，若仅考虑装配体的整体外形信息，则可利用一些已有的零件模型检索方法，但这种未考虑装配体内部零件构成的方法应用范围极其有限，很难满足实际的工程应用需求。将零件之间的拓扑信息和相关的属性信息纳入检索的相似性分析过程，在装配体检索中具有一般意义。因此，目前的检索方法已经开始从考虑单一的形状信息向多信息融合发展。

在装配体模型检索中，模型信息量化和描述符构建方法的不同，会导致后续所采用的检索算法具有较大的差异。本篇围绕不同应用场景中的检索需求，从离散化零件信息、零件与连接关系的综合信息以及装配体空间结构信息3个角度，分别阐述对应的模型描述符构建原理和检索算法。第3章将装配体离散为零件集合，从语义和形状两个方面分析模型的相似性，完成基于离散化零件信息的装配体模型检索。第4章围绕装配体中零件及其连接关系，从结构特征角度分析模型的相似性，完成综合零件属性及连接关系的装配体模型检索。第5章利用装配体中零件个体的空间结构信息，抽象定义了装配体模型的空间连接骨架，在集合序列匹配与子图同构的基础上完成装配体模型检索。通过上述方法的阐述，希望读者能够从中发现各类方法的特点和适用领域。

第3章

基于离散化零件信息的装配体检索

3.1 引言

在信息检索中，输入的查询信息越全面则所能获取的查询结果越准确，但由此消耗的检索资源也会增加。为了降低检索成本，围绕检索对象所包含的关键信息来获取期望的结果是一种有效途径。零件是机械产品构成的基本元素，同一种功能需求总是利用相同或相似的零件来实现，而含有一个或多个相似零件的装配体则具有一定的设计共性。因此，对装配体来说，零件包含的信息即关键信息之一。基于上述分析，本章认为可以适当削弱装配体的整体概念，将其离散化为零件构成的集合，并围绕零件个体信息来开展装配体检索工作。已有实践表明，在不考虑零件连接关系的情况下能够得到更多的检索结果，并可适当简化模型描述符构建和检索输入信息的组织工作。

本章的主要思路如下：首先，将装配体离散化为多个零件的集合形式，利用多种零件信息建立装配体模型描述符；其次，围绕零件对象建立单个类型信息的相似度计算方法，并采用多特征融合思路实现零件综合相似性分析；最后，通过零件集合要素的多对多匹配实现装配体模型的整体相似度计算。

3.1.1 装配体信息描述空间构建

三维空间中的装配体模型不能直接用于相似性计算，而是需要将其转换为描述装配体的一种可计算形式，且这种形式应该与装配体一一对应。为实现该目的，需要将装配体模型中可进行相似性分析的信息映射至统一的描述空间中，进而支持后续装配体相似性的综合评价。

本章中装配体模型检索方法的基础是零件信息描述，因此首先考虑如何在描述空间中对零件模型进行表示，具体使用的零件信息类型可参考2.3.1节中的相关内容。装配体模型的信息描述空间是一个多维信息空间，该空间中的每个零件被表示为一个“点”，而每一个维度表示一类零件信息。依据上述思路，零件包含的各类信息将被映射至描述空间，而装配体被转换为描述空间中的离散点集。如图3-1所示，滚花螺母的信息可映射为描述空间中的一个点，而整个壁板装配卡板则映射为描述空间中的离散点集。

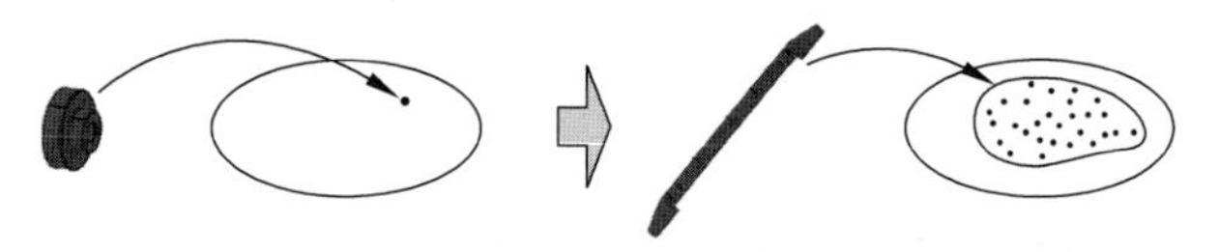

图 3-1 模型信息在描述空间中的转化

在使用上述描述空间之前，有必要首先对其合理性和有效性进行分析。为满足常用的装配体检索场景，描述空间应满足以下条件：①能够区分出不同的零件；②能够对零件之间的相似性进行度量；③能够对装配体之间的相似性进行度量。这三个条件是相互关联的，每一个条件都以前面的条件为基础。针对上述条件做如下分析：

(1) 利用空间中点所处的位置来区分零件

两个不同的零件在形状与语义信息方面必然存在一定的差异。当零件映射至描述空间中之后，这些信息差异会体现为对应信息维度上的位置差异。

(2) 通过空间中点的距离来度量零件相似性

描述空间的每一维表示零件的一类信息，两个点在某个维度上的距离越近，则说明这两个点所表示的零件信息越相似。例如，若某一维度表示零件的名称，对于"普通螺栓""高锁螺栓"和"箱盖"三者，"普通螺栓"和"高锁螺栓"的距离近而"普通螺栓"和"箱盖"的距离远。因此可以判定"普通螺栓"和"高锁螺栓"之间的相似性大于"普通螺栓"和"箱盖"之间的相似性。上述论断对于每一维度都是适用的。由于两个点之间的距离由点在各个维度上的距离综合决定，因此通过描述空间中两个点的距离就可以得到对应零件的相似性。

(3) 通过空间中点集的距离来度量装配体相似性

在将零件映射为描述空间中的点之后，相应的装配体就转换为描述空间中的点集。由零件相似性计算可知，若两个装配体相似度较高，则表示装配体的两个点集之间的距离接近，反之两个点集之间的距离较远。

此外，点集的形式可以实现多对多匹配，进而得到更准确的相似性计算结果。在进行装配体比较时，需要找出其中零件的对应匹配关系。本章将在完成最相似零件的匹配之后，再根据对应关系将零件的相似性汇总为装配体的相似性，这样获得的相似度才是合理的结果。使用点集的形式可以很容易地实现上述目的，同时，使用点集进行相似性计算可以避免采用图同构和图匹配等方法进行相似性计算所带来的算法复杂度高的问题，满足检索对时间的要求。

3.1.2 零件信息的描述

由 2.3.1 节可知，零件信息包括形状特征信息和工程语义信息，本章抽取以下 5 类信息构建装配体描述空间，包括零件 PID、零件名称 PName、零件功能

PFunctSet 和零件材料 PMaterial 4 类语义信息，以及零件形状信息 PShape。此处未考虑零件尺寸和几何特征等信息的原因在于：①尺寸和特征信息作为一种几何形状已经在零件形状中得到了体现；②尺寸对于形状表达能力较为有限，同时特征信息更多的是作为一种从功能角度出发对零件局部形状的强调，这种强调是设计者根据设计需要作出的而不是强制规定必须存在的。本章后续将在上述 5 个维度信息量化的基础上完成描述空间的构建。

形状信息表征问题已经涌现多种方法，Osada[1] 通过统计模型表面随机采样点的距离分布概率来表示模型的形状，将形状匹配问题转换为概率分布的比较问题，实验证明该类方法对三维模型旋转、平移和缩放具有鲁棒性。该方法计算简单，识别率较高，已逐渐成为三维模型检索领域较为通用的方法。因此，本书选择形状分布作为形状信息的描述方法。

通常，模型表面随机采样点的距离概率分布可以用直方图表示，每一组的频率会随着零件形状的不同而改变。因此，可提取直方图所有组的频率来构造能够描述零件形状的形状向量。设一个由 n 个零件构成的装配体模型为 a，生成其第 i 个零件的形状向量描述符 $\mathbf{PShape}_{a,i}$ 的过程如图 3-2 所示，具体包含如下步骤：

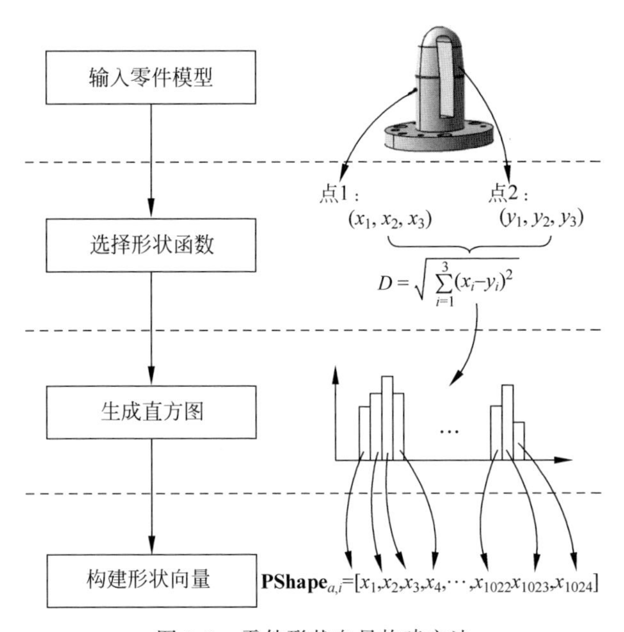

图 3-2　零件形状向量构建方法

步骤 1：输入第 i 个零件的三维模型数据（$1\leqslant i\leqslant n$）。

步骤 2：在零件模型表面随机采集两个点，计算两点之间的欧氏距离。形状分布的特点决定了较少的采样次数会导致模型描述的不准确。因此，上述过程应重复足够的次数以保证描述的准确性。根据已有研究[1]，此处取 1024^2 作为采样的次数。

步骤 3：通过构建一个组数为 1024 的直方图来表示采样距离值的分布。这里采用等组距连续直方图，其组距 d 为：

$$d=\frac{D_{\max}-D_{\min}}{1024} \tag{3-1}$$

式中：$D_{\max}$ 表示距离的最大值；$D_{\min}$ 表示距离的最小值。

直方图中每个组的高度为：

$$\begin{cases} h_u=\dfrac{N_u}{1024^2} \\ \sum\limits_{u=1}^{1024} h_u=1 \end{cases} \tag{3-2}$$

式中：N_u 表示第 u 组的频数；h_u 表示落在第 u 组中的距离值的频率。

步骤 4：由步骤 3 中的直方图生成 1024 维形状向量描述符 $\mathbf{PShape}_{a,i}$，每一维的值即直方图对应组的频率：

$$\begin{cases} \mathbf{PShape}_{a,i}=[x_1,x_2,\cdots,x_{1024}] \\ x_u=h \end{cases} \tag{3-3}$$

通过以上步骤就可以得到零件形状描述向量，对于不同的零件，其直方图每组的频率不同，从而达到了对零件形状进行描述的目的。

3.1.3 装配体模型描述符构建

在装配体描述空间及零件信息描述的基础上，通过将装配体 a 中所有零件都转换为点，就可以构建描述该装配体的点集，最终构建基于离散化零件信息的装配体模型描述符，如图 3-3 所示。

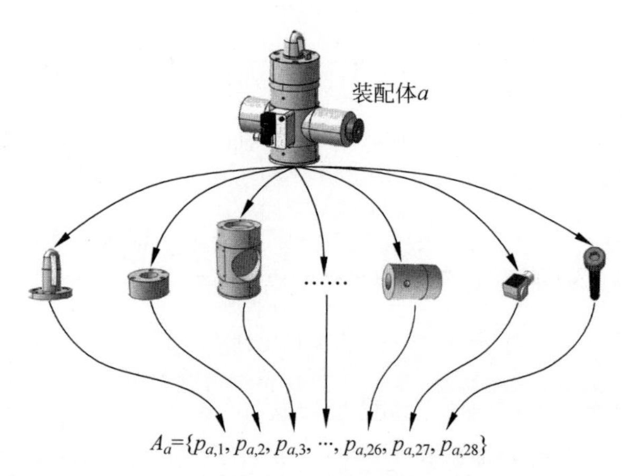

图 3-3 基于离散化零件信息的装配体描述符

对于装配体 a，其在装配体描述空间中表示为

$$\begin{cases} A_a = \{P_{a,1}, P_{a,2}, \cdots, P_{a,n}\} \\ P_{a,i} = \{\mathrm{PID}_{a,i}, \mathrm{PName}_{a,i}, \mathrm{PFunctSet}_{a,i}, \mathrm{PMaterial}_{a,i}, \mathbf{PShape}_{a,i}\} \end{cases} \tag{3-4}$$

式中：A_a 表示描述装配体 a 的点集；n 表示装配体中包含零件的个数；$P_{a,i}$ 表示点集 A_a 中的一个点，对应装配体 a 中的一个零件。

在本装配体模型描述方法的实际应用中，不一定需要所有种类的信息，例如在相同材料的装配体模型检索中，就可以忽略零件的材料语义信息。因此可根据检索需求对 $P_{a,i}$ 内包含的各类信息进行调整，以支持后续针对装配体的描述和检索。

3.2　基于空间点集匹配的装配体相似性分析

装配体模型最终被离散化表征为若干个由形状和语义构成的零件信息集合。形状和语义信息对零件模型的描述能力在一定程度上是相互补充的。例如，形状不相似的两个螺栓在类型、材料和功能等方面可能是一致的。因此，在三维模型相似性分析过程中，综合考虑多种信息能够在一定程度上提升检索结果的准确性[2]，本节将讨论通过融合多类零件信息的装配体相似性分析方法。

3.2.1　基于空间点距离的零件相似性计算

零件相似性计算是装配体相似性计算的基础，在将装配体转换为描述空间中的点集之后，零件的相似性就表现为描述零件的点之间的距离。同时，点集匹配需要计算点之间的距离，因此本节主要讨论空间点距离计算方法。

3.2.1.1　相似性计算流程

在零件描述时将 ID 引入描述符，其目的是通过 ID 对点是否相同进行判断。因此，在距离计算之前首先对点的 ID 进行判断，若 ID 一致则说明所对应的零件相同，两点间距离可以无须计算而直接指定为 0。这种方式避免了对相同点的距离进行计算，能够有效提高检索效率。

除点的 ID 之外，还需考虑名称、功能、形状和材料 4 个维度的信息，其中形状属于形状信息，名称、功能和材料属于语义信息。由于信息类型的不同，需要对多类型信息的相似性进行融合，完成零件间的综合相似性分析，计算流程如图 3-4 所示：

步骤 1：输入两个来自不同空间点集的点 $P_{a,t}$ 和 $P_{b,k}$；

步骤 2：判断两个点的 ID 是否相同。若相同，则 $P_{a,t}$ 和 $P_{b,k}$ 之间的距离 $\mathrm{Dis}(P_{a,t}, P_{b,k})=0$，转步骤 5；否则，转步骤 3；

步骤 3：分别计算 $P_{a,t}$ 和 $P_{b,k}$ 之间的名称距离、功能距离、形状距离和材料距离；

步骤 4：通过给定各个距离的权值，计算各个距离加权后的 $P_{a,t}$ 和 $P_{b,k}$ 之间的距离 $\mathrm{Dis}(P_{a,t}, P_{b,k})$；

步骤 5：结束。

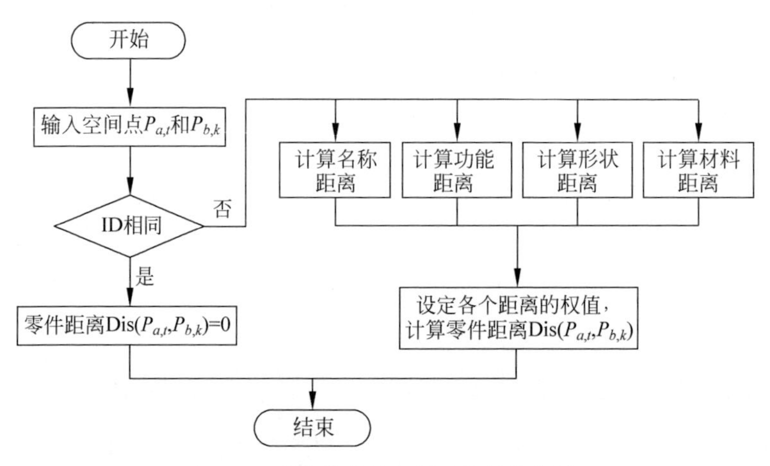

图 3-4　零件信息综合相似性计算流程

3.2.1.2　形状相似性计算

在零件信息描述中，本章最终将零件形状表征为向量形式，一般可采用余弦相似度来对两个向量的相似性进行度量。余弦相似性方法计算简单且结果可靠，可将相似性的值控制在$-1\sim1$，在图像检索和文本比较等方面都得到了广泛应用[3]。

对于两个形状向量 $\mathbf{PShape}_{a,i}=[x_1,x_2,\cdots,x_{1024}]$ 和 $\mathbf{PShape}_{b,j}=[x_1^*,x_2^*,\cdots,x_{1024}^*]$，其相似性可表示为距离 $\mathrm{Dis}(\mathbf{PShape}_{a,i},\mathbf{PShape}_{b,j})$：

$$\mathrm{Dis}(\mathbf{PShape}_{a,i},\mathbf{PShape}_{b,j})=1-\mathrm{Sim}(\mathbf{PShape}_{a,i},\mathbf{PShape}_{b,j}) \qquad (3\text{-}5)$$

式中：$\mathrm{Sim}(\mathbf{PShape}_{a,i},\mathbf{PShape}_{b,j})$表示形状向量 $\mathbf{PShape}_{a,i}$ 和 $\mathbf{PShape}_{b,j}$ 的余弦距离，其计算方法见 3.1.2 节。

由于使用的形状向量中每个元素都大于 0，计算所得的 $\mathrm{Sim}(\mathbf{PShape}_{a,i},\mathbf{PShape}_{b,j})$结果在 $0\sim1$。相应地，以式(3-5)计算形状距离也保证了结果在 $0\sim1$：若 $\mathrm{Dis}(\mathbf{PShape}_{a,i},\mathbf{PShape}_{b,j})=0$，则表示两个零件的形状属性完全相同；若 $\mathrm{Dis}(\mathbf{PShape}_{a,i},\mathbf{PShape}_{b,j})=1$，则表示两个零件的形状属性完全不同。

3.2.1.3　语义相似性计算

与形状信息不同，名称、功能和材料这三种语义信息需通过自然语言来表达，在实际的使用过程中，它们具体表现为“词汇”的形式，需从语义层面上对彼此之间的相似性进行度量。语义相似性计算分为基于本体的计算、基于语料库的计算和基于搜索引擎的计算三类[4]，基于本体的计算是较为常用的方法。在这类方法中，对于英文语义相似性的计算，大多是基于 WordNet 进行的，而对于中文语义相似性的计算，则一般需要基于知网进行。相比于 WordNet，知网有以下两点优势：①知网使用一系列公认的基本词汇来描述复杂词汇，描述方式更符合人类实际思维，大量研究验证了知网在中文语义分析方面具有的优势，能够较好地支持中文语义分析；②知网具备良好的可扩展性，新概念的增加只需要通过知识系统描述语

图 3-5　壁板装配卡板

言(knowledge database mark-up language,KDML)对概念进行描述即可,且不需要维护概念之间的关系。

在知网中,概念可映射为一系列存在相互关系的义原,且通过 KDML 来描述。在实际使用过程中,KDML 提供了一系列规定和符号,以图 3-5 中壁板装配卡板为例,图 3-6 和表 3-1 为装配卡板中所包含各个零件的信息,各个零件可通过以“DEF=”为起始的表达式来描述,如表 3-2 所示。

图 3-6　壁板装配卡板中的零件

表 3-1　壁板装配卡板中的零件

序号	PID	PName	数量	序号	PID	PName	数量
1	PAKB0211	卡板	1	10	PTLM0106	螺母	8
2	PADJ0010	定位角材	6	11	PAYD0001	压紧器底座	2
3	PAMD1001	铆钉	12	12	PTMD1005	铆钉	8
4	PADJ0014	定位角材	2	13	PASB0001	手柄	2
5	PTGM1025	滚花螺母	4	14	PAYG1009	压紧杆	2
6	PAGT2011	钩形螺栓头	4	15	PTLM0108	螺母	4
7	PAGG2036	钩形螺栓杆	4	16	PTDP0208	垫片	4
8	PADK1025	定位块	2	17	PALP1008	连接片	4
9	PTLS0106	螺栓	8	18	PALP2005	连接片	4

表 3-2　壁板装配卡板 KDML 描述示例

序号	概念	KDML 描述
1	滚花螺母	DEF={nut|螺母:{knurled|滚花}}
2	定位块	DEF={locator|定位件:purpose={position|定位},modifier={FormValue|形状值:block|块}}
3	卡板	DEF={locator|定位件:purpose={position|定位:PartOfTouch={part|部件:PartPosition={skin|皮},whole={product|产品}},modifier={FormValue|形状值:board|板}}}
4	垫片	DEF={washer|垫片:purpose={spread|使分散:patient={force|力},instrument={~}}}

目前基于知网的语义相似性计算研究较多,而文献[5]中提出的算法是其中具有代表性的算法,具体如下:

对于两个概念 c_1 和 c_2,其之间的语义相似性 $\mathrm{Sim}(c_1,c_2)$为

$$\mathrm{Sim}(c_1,c_2)=\sum_{i=1}^{4}\beta_i\prod_{u=1}^{i}\mathrm{Sim}_u(\mathrm{se}_1,\mathrm{se}_2) \tag{3-6}$$

式中:$\mathrm{Sim}_u(\mathrm{se}_1,\mathrm{se}_2)$表示两个义原 se_1 和 se_2 之间的相似性:当 $u=1$ 时,表示第一独立义原相似性;当 $u=2$ 时,表示其他独立义原相似性;当 $u=3$ 时,表示关系义原相似性;当 $u=4$ 时,表示符号义原相似性;$\beta_i(1\leqslant i\leqslant 4)$表示可调节参数,反映了 $\mathrm{Sim}_1(\mathrm{se}_1,\mathrm{se}_2)$到 $\mathrm{Sim}_4(\mathrm{se}_1,\mathrm{se}_2)$对于总体相似性的影响程度,其中 $\beta_1+\beta_2+\beta_3+\beta_4=1,\beta_1\geqslant\beta_2\geqslant\beta_3\geqslant\beta_4$。

式(3-7)给出了语义类信息距离 $\mathrm{Dis}(c_1,c_2)$的计算方法:

$$\mathrm{Dis}(c_1,c_2)=1-\mathrm{Sim}(c_1,c_2) \tag{3-7}$$

已知语义相似性计算结果 $\mathrm{Sim}(c_1,c_2)$在 0～1。相应地,以式(3-7)计算语义距离也保证了结果在 0～1:若 $\mathrm{Dis}(c_1,c_2)=0$,表示 c_1 和 c_2 的语义属性完全相同;若 $\mathrm{Dis}(c_1,c_2)=1$,表示 c_1 和 c_2 的语义属性完全不同。

3.2.1.4 零件信息综合相似性计算

经过上述的计算处理,能够将零件间名称、功能、形状和材料 4 个维度信息的相似性分别量化为可比较分析的数值形式。由于各类信息对零件综合相似性的影响程度具有一定的差异性,后续将考虑如何对不同类型信息的相似性进行融合。

在形状和语义两类信息的相似性计算方法确定以后,就可以根据空间点各个信息的具体类型获取属性的距离。对于空间中的两个$\mathrm{pn}_{a,t}$ 和$\mathrm{pn}_{b,k}$,其各个维度距离计算为

(1) 名称

名称是对零件的简要语义描述,利用式(3-8)可给出名称距离 $\mathrm{Dis}(\mathrm{PName}_{a,t},\mathrm{PName}_{b,k})$的计算方式:

$$\mathrm{Dis}(\mathrm{PName}_{a,t},\mathrm{PName}_{b,k})=1-\mathrm{Sim}(\mathrm{PName}_{a,t},\mathrm{PName}_{b,k}) \tag{3-8}$$

(2) 材料

与名称属性计算方法一致,利用式(3-9)可给出材料距离 $\mathrm{Dis}(\mathrm{PMaterial}_{a,t},\mathrm{PMaterial}_{b,k})$的计算方式:

$$\mathrm{Dis}(\mathrm{PMaterial}_{a,t},\mathrm{PMaterial}_{b,k})=1-\mathrm{Sim}(\mathrm{PMaterial}_{a,t},\mathrm{PMaterial}_{b,k}) \tag{3-9}$$

(3) 功能

功能是由“操作”和“对象”两部分组成的,这两部分都会对功能产生影响。在进行功能属性距离计算时,不能像名称和材料一样直接计算,而是需要将操作和对象分开考虑,分别计算操作和对象的语义相似性,将两项计算结果相乘获得功能语

义相似性：

$$\mathrm{Sim}(\mathrm{Pfunc}_{a,t,i},\mathrm{Pfunc}_{b,k,u}) = \mathrm{Sim}(\mathrm{PFoperate}_{a,t,i},\mathrm{PFoperate}_{b,k,u}) \times \mathrm{Sim}(\mathrm{PFobject}_{a,t,i},\mathrm{PFobject}_{b,k,u}) \tag{3-10}$$

其次，直接与零件关联的是“功能集合”(PFuncSet)，也就是说一个零件实际上可能对应多个功能。相应地，在计算两个点的功能距离时，应当对所有的功能属性都加以考虑。对于本问题，采用如下策略：对两个点所包含的功能属性进行两两比较，取相似性最大的一对值作为功能属性的相似性。因此，功能相似性 $\mathrm{Sim}(\mathrm{PFunctSet}_{a,t},\mathrm{PFunctSet}_{b,k})$ 表示为

$$\begin{aligned}&\mathrm{Sim}(\mathrm{PFunctSet}_{a,t},\mathrm{PFunctSet}_{b,k})\\&=\max_{1\leqslant i\leqslant n}\left(\max_{1\leqslant u\leqslant m}\left(\mathrm{Sim}(\mathrm{Pfunc}_{a,t,i},\mathrm{Pfunc}_{b,k,u})\right)\right)\end{aligned} \tag{3-11}$$

根据以上分析，功能距离 $\mathrm{Dis}(\mathrm{PFunctSet}_{a,t},\mathrm{PFunctSet}_{b,k})$ 即

$$\mathrm{Dis}(\mathrm{PFunctSet}_{a,t},\mathrm{PFunctSet}_{b,k}) = 1-\mathrm{Sim}(\mathrm{PFunctSet}_{a,t},\mathrm{PFunctSet}_{b,k}) \tag{3-12}$$

(4) 形状

形状是由向量描述的，利用式(3-13)可给出形状距离 $\mathrm{Dis}(\mathbf{PShape}_{a,t},\mathbf{PShape}_{b,k})$ 的计算方式：

$$\mathrm{Dis}(\mathbf{PShape}_{a,t},\mathbf{PShape}_{b,k}) = 1-\mathrm{Sim}(\mathbf{PShape}_{a,t},\mathbf{PShape}_{b,k}) \tag{3-13}$$

通过以上步骤可获得空间点之间各个分量的距离。为了获取零件之间的相似性，还需进一步计算获得空间点之间的距离。根据1.3.1节，目前空间点距离的计算方法通常有曼哈顿距离和欧氏距离。有研究表明，在检索方面，曼哈顿距离相对于欧氏距离更加有效[6-9]。因此，此处采用加权曼哈顿距离来度量两个空间点 $p_{a,t}$ 和 $p_{b,k}$ 之间的距离 $\mathrm{Dis}(p_{a,t},p_{b,k})$：

$$\begin{aligned}\mathrm{Dis}(p_{a,t},p_{b,k}) = {}&\omega_n\times\mathrm{Dis}(\mathrm{PName}_{a,t},\mathrm{PName}_{b,k})+\\&\omega_u\times\mathrm{Dis}(\mathrm{PFunctSet}_{a,t},\mathrm{PFunctSet}_{b,k})+\\&\omega_s\times\mathrm{Dis}(\mathbf{PShape}_{a,t},\mathbf{PShape}_{b,k})+\\&\omega_m\times\mathrm{Dis}(\mathrm{PMaterial}_{a,t},\mathrm{PMaterial}_{b,k})\end{aligned} \tag{3-14}$$

式中：$\omega_X(X=n,u,s,m)$ 表示权重系数，且满足以下条件：

$$\begin{cases}\sum_X \omega_X = 1\\ \omega_X\geqslant 0\end{cases} \tag{3-15}$$

权重系数体现了各个维度信息对于零件相似性的影响。若从距离计算的角度来看，不同的系数设置可以理解为各个维度的尺度不同：在不加系数的情况下，表示默认将各个维度的距离同等对待；通过系数的调节，可以放大或缩小某一个或几个维度的作用。实际使用中，可以在满足式(3-15)的条件下通过调节各个系数改变各个属性对最终结果的影响。

由于每个距离分量都是在 0～1 的，且系数满足式(3-15)的条件，可知最终计算所得的距离值 $\mathrm{Dis}(p_{a,t},p_{b,k})$ 也在 0～1：若 $\mathrm{Dis}(p_{a,t},p_{b,k})=0$，表示 $p_{a,t}$ 和 $p_{b,k}$ 完全相同；若 $\mathrm{Dis}(p_{a,t},p_{b,k})=1$，表示 $p_{a,t}$ 和 $p_{b,k}$ 完全不同。

3.2.2 基于多对多匹配的装配体相似性计算

装配体包含的零件数量不同，相对应的点集规模也不同。为了实现装配体相似性计算，目前的多对多匹配算法具有较好的适用性，包括豪斯多夫距离(Hausdorff distance，HD)、向量空间模型(vector space model，VSM)算法和搬土距离(the earth movers distance，EMD)等。这类算法的计算过程不要求两个进行匹配的集合大小相同，也就是说对相比较的两个集合所包含的元素数量没有要求，因此能够保证集合元素变动情况下装配体相似性分析的顺利进行。

与其他多对多匹配算法相比，EMD 算法通过线性规划的方式一次就能够得到点集最优的匹配，保证每个零件都参与到装配体相似性的计算中，能够对装配体的零件进行综合考虑。基于 EMD 算法的装配体匹配过程如图 3-7 所示，首先依据 3.1 节所述的方法将两个装配体转换为描述空间中的两个点集，然后以点集为对象通过 EMD 即可获得两个装配体的相似性，下面详述计算过程。

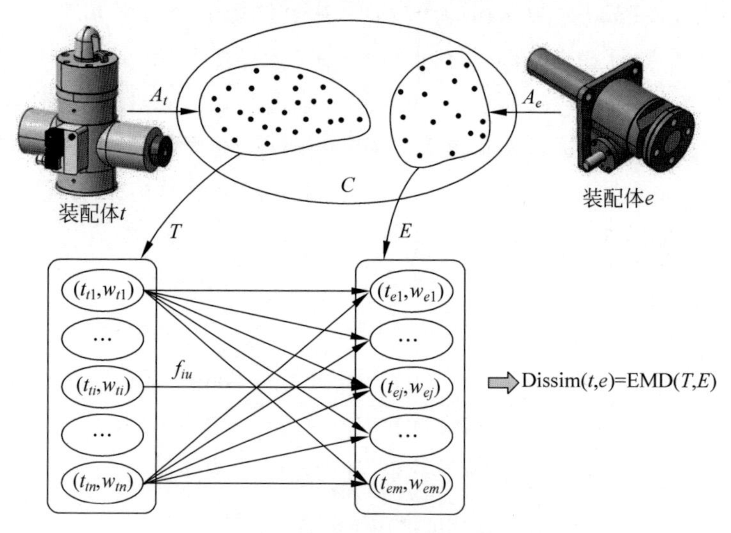

图 3-7　基于 EMD 的装配体相似性计算

设两个装配体 t 和装配体 e，其对应的空间点集分别为 $A_t=\{p_{t,1},p_{t,2},\cdots,p_{t,n}\}$ 和 $A_e=\{p_{e,1},p_{e,2},\cdots,p_{e,m}\}$，构建对应的集合 T 和 E：

$$\begin{cases}T=\{(t_{t1},w_{t1}),(t_{t2},w_{t2}),\cdots,(t_{tn},w_{tn})\}\\E=\{(t_{e1},w_{e1}),(t_{e2},w_{e2}),\cdots,(t_{em},w_{em})\}\end{cases}\tag{3-16}$$

式中：n 表示 T 中元素的个数；$t_{ti}(1\leqslant i\leqslant n)$表示 T 中第 i 个点的位置；$w_{ti}(1\leqslant i\leqslant n)$表示 T 中第 i 个点的质量；m 表示 E 中元素的个数；$t_{ej}(1\leqslant j\leqslant m)$表示 E

中第 j 个点的位置；$w_{ej}(1\leqslant j\leqslant m)$表示 E 中第 j 个点的质量。

在 EMD 中，匹配问题最终会转换为运输问题，因此点的质量是重要的影响因素，即 $w_{ti}(1\leqslant i\leqslant n)$和 $w_{ej}(1\leqslant j\leqslant m)$必须得到合适的定义。实际上，在构建装配体描述空间时考虑了各类有用信息，也就是说，利用点的位置差异已经能够区分不同的零件，而点之间的距离也可以度量零件之间不相似的程度。

针对装配体检索来说，一方面没有合适的信息来标定点的质量；另一方面，若进一步通过点的质量对点进行区分，在计算点的相似性时很难判断是点的位置还是质量对相似性产生了影响，或者两者之间哪一项对相似性的影响较大。基于以上考虑，本章不再从质量上对点进行区分，而是将所有点的质量统一对待，即

$$w_{ti}=w_{ej}=1(1\leqslant i\leqslant n,1\leqslant j\leqslant m) \tag{3-17}$$

通过以上步骤，结合 3.2.1 节计算所得的零件信息综合相似性，就可以得到最终的计算结果。求解的过程实际上是线性规划问题的求解，利用单纯形法等方法可以很容易地获得最终结果，本书不再详细展开。由于 EMD 实际上计算的是不匹配的程度，获得的实际上是装配体之间的“不相似性”，对于装配体 t 和 e 它们之间的不相似性为 $\mathrm{Dissim}(T,E)$：

$$\begin{cases}\mathrm{Dissim}(T,E)=\min\dfrac{\sum\limits_{i=1}^{n}\sum\limits_{j=1}^{m}d_{ij}f_{ij}}{\sum\limits_{i=1}^{n}\sum\limits_{j=1}^{m}f_{ij}}\\ f_{ij}\geqslant 0\\ \sum\limits_{j=1}^{m}f_{ij}\leqslant w_{ti}\\ \sum\limits_{i=1}^{n}f_{ij}\leqslant w_{ej}\\ \sum\limits_{i=1}^{n}\sum\limits_{j=1}^{m}f_{ij}=\min\left(\sum\limits_{i=1}^{n}w_{ti},\sum\limits_{j=1}^{m}w_{ej}\right)\\ 1\leqslant i\leqslant n\\ 1\leqslant j\leqslant m\end{cases} \tag{3-18}$$

式中：d_{ij} 表示 t_{ti} 和 t_{ej} 之间的距离；f_{ij} 表示 t_{ti} 和 t_{ej} 之间的质量流；$f_{ij}\geqslant 0$ 表示保证了质量从 T 移动到 E，而不能反向移动；$\sum\limits_{j=1}^{m}f_{ij}\leqslant w_{ti}$ 表示保证移出的质量不大于 T 已有的质量；$\sum\limits_{i=1}^{n}f_{ij}\leqslant w_{ej}$ 表示保证移入的质量不大于 E 可接受的质量；$\sum\limits_{i=1}^{n}\sum\limits_{j=1}^{m}f_{ij}=\min\left(\sum\limits_{i=1}^{n}w_{ti},\sum\limits_{j=1}^{m}w_{ej}\right)$ 表示保证尽可能多的移动次数。

虽然这里计算的是不相似性，但与计算相似性具有同样的效果，即不相似性越小，两个装配体越相似。同时，相对于不相似性的值，更重要的是不相似性的相对顺序。计算结束后，只需要将不相似性按照升序排列就可以得到检索结果，且最小值对应的装配体即查询最相似的装配体。

3.3 装配体模型的局部检索

从本质上分析，装配体检索是指工程人员从装配体构成的模型资源库中获得想要的信息，而并未要求检索输入必须为装配体。在实际应用中，工程人员依据零件搜索已有装配体模型的情况大量存在，而输入零件的数量具有不确定性。本章重点面向以下两种情况。

(1) 检索输入为一个零件

显然，输入一个零件作为查询会将“多对多匹配”变成了“一对多匹配”。通过对 EMD 算法进行分析可以发现，EMD 是为多对多匹配而设计的，但它对集合中元素的个数并没有要求，也就是说，EMD 中的“多”可以为“一”。因此，基于离散化零件信息的装配体检索方法在这种情况下可以直接使用。

(2) 检索输入为多个零件

在实际应用中，有时工程人员需要获取多个零件在以往设计方案中的使用情况，此时的零件组合不是具有连接关系的组件，而是离散存在的零件个体组合。此时，基于离散化零件信息的装配体检索方法依然适用于这种情况，原因在于：①本方法将装配体作为离散零件的集合，对装配体和零件的描述都不涉及零件之间的关系；②这种情况下的装配体相似性度量仍然是“多对多匹配”问题，已有的计算方法仍然适用。

以上分析表明，本章所提的装配体检索方法具有一定的柔性。输入可表示为包含 $r(r\geqslant 1)$ 个零件的零件集合 t'，则其相应的点集和集合为 $A_{t'}=\{p_{t',1},\cdots,p_{t',r}\}$和 $T'=\{(t_{t'1},w_{t'1}),\cdots,(t_{t'n},w_{t'r})\}$。通过式(3-18)就可以获得 t'与装配体 e 两者之间的不相似程度 $\text{Dissim}(t',e)$，而通过 $\text{Dissim}(t',e)$可以知道输入的零件是否包含在检索所得的装配体中，且存在以下两种情况：

(1) 若 $\text{Dissim}(t',e)=0$，则 t'中的零件都包含在装配体 e 中

根据零件描述方法，代表两个相同零件的点会在描述空间中占据同一个位置，则两者之间的距离为 0。根据 EMD 计算方法，两个点之间距离为 0 表示两点之间不存在质量流动，则最终计算结果必将为 0。因此，$\text{Dissim}(t',e)=0$ 表示了输入零件集合中的每一个零件，都能够在所得装配体中找到同样的零件，也就是说输入的零件包含在所得的装配体中。

(2) 若 $\text{Dissim}(t',e)\neq 0$，则 t'中存在零件不包含在装配体 e 中

由 EMD 可知，若两个相匹配的点之间距离不为 0，则最终计算结果必将不为

0。因此，对于 t' 中的任意一个零件，若无法在装配体找到相同的零件，则必定会导致结果不为 0。而 $\mathrm{Dissim}(t',e)\neq 0$ 时又存在两种情况：① t' 中有部分零件包含在所得装配体中；② t' 中所有零件都不包含在所得装配体中。仅从计算结果无法判断属于上述哪一种情况，在当前情况下，只有通过进一步的人工判断才能获取更加精确的结果。

最后，对装配体柔性检索的分析表明本方法同样适用于零件检索：若式(3-18)中 $n=m=1$，则装配体 t 和装配体 e 都变成了零件，同时装配体检索也相应地变成了零件检索。在此过程中检索方法可以无须做出改变而直接使用，因此这也是本方法的优势所在。

3.4　实例分析

为了验证上述装配体检索算法，本书构建了装配体模型库。模型库共包含 502 个装配体，由 6812 个零件构成，可将其分为 10 大类，部分装配体如图 3-8 所示。在该模型库的基础上，分别进行了整体检索实验和局部检索实验。

图 3-8　实例分析所使用的部分装配体

3.4.1　整体检索实例

在整体检索过程中，输入和输出都为独立装配体。本章在模型库中选择支架、螺旋传动器、控制器、锁紧器、阀门和模座六组模型开展实验。检索结果按照升序排列并且给出了其中 8 个顺序靠前的装配体和它们各自对应的不相似度的值，实验结果如图 3-9 所示。从检索结果可以看出，支架、控制器、阀门和模座都有很好的检索效果，检索所得的都是相似的装配体，即准确率达到了 100%。相比较而言，图 3-9 显示了在螺旋传动器的检索结果中存在 2 个不理想的结果，而在锁紧器的检索结果中存在 3 个不理想的结果，即两者的准确率分别为 75%和 62.5%。

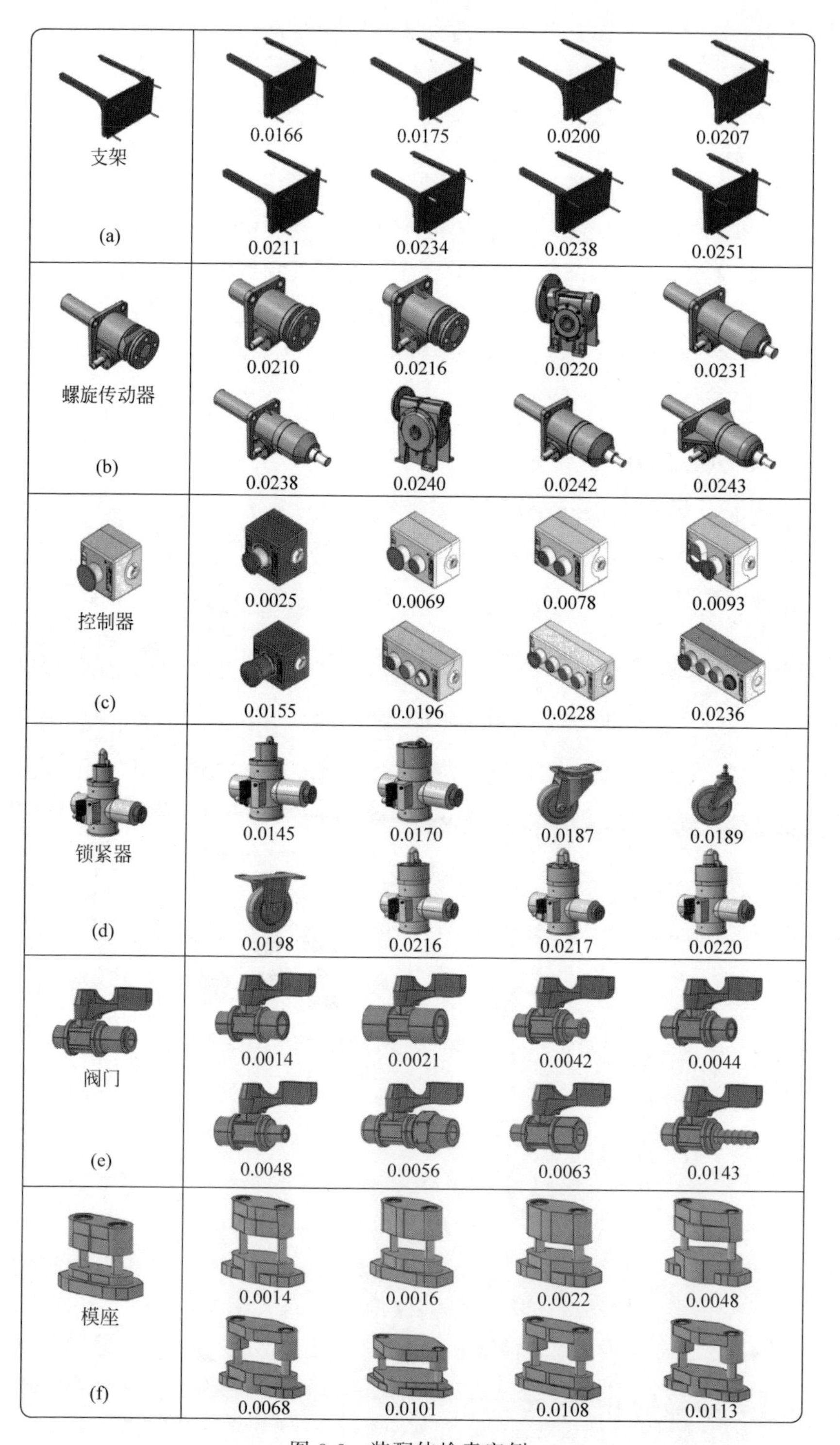
支架
(a)
0.0166
0.0175
0.0200
0.0207
0.0211
0.0234
0.0238
0.0251
螺旋传动器
(b)
0.0210
0.0216
0.0220
0.0231
0.0238
0.0240
0.0242
0.0243
控制器
(c)
0.0025
0.0069
0.0078
0.0093
0.0155
0.0196
0.0228
0.0236
锁紧器
(d)
0.0145
0.0170
0.0187
0.0189
0.0198
0.0216
0.0217
0.0220
阀门
(e)
0.0014
0.0021
0.0042
0.0044
0.0048
0.0056
0.0063
0.0143
模座
(f)
0.0014
0.0016
0.0022
0.0048
0.0068
0.0101
0.0108
0.0113

图 3-9 装配体检索实例

为了更好地对装配体检索方法的效果进行验证，给出了图3-9中的6个输入装配体的查全查准曲线，如图3-10所示。其中，查全率是指从模型库内检出的相关的模型与模型总量的比率，查准率是指检出的相关模型与检出的全部模型的百分比。所有曲线在一开始都接近水平，且准确率为1。螺旋传动器曲线从查全率为0.3附近开始下降，在经历了两次短暂的上升之后继续下降，最终在查全率到达1时停留在准确率为0.64处。锁紧器和阀门对应的曲线有类似的趋势，在查全率达到1时分别停留在准确率为0.625和0.68处。相比较而言，支架、控制器和模座的曲线一直保持水平，在查全率为1时仍然能够保证准确率为1。

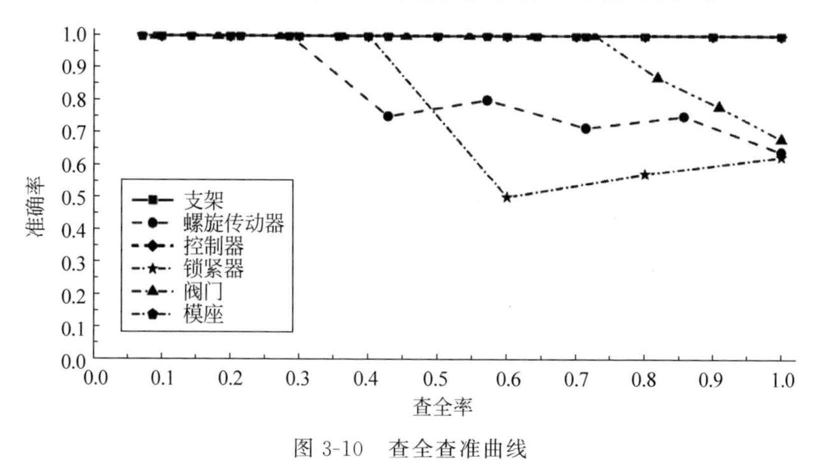

图3-10　查全查准曲线

3.4.2　局部检索实例

在局部检索过程中，输入为组成装配体的某些零件，输出为独立装配体，局部检索结果如图3-11所示。其中，左侧一列是输入零件，右侧一列是检索结果。在检索结果中，不仅给出了检索所得的装配体和与之对应的不相似性的值，而且给出了装配体中与输入零件相匹配的零件。按照分析的两种局部检索情况，a组实验选择某一个锁紧器中的销作为输入进行查询。检索结果显示，包含这个销的锁紧器排在第一，且准确率为1，其他装配体的匹配零件则是与输入零件相似的销。在b组实验中，添加了其他3个零件作为输入，且4个零件都来自不同的装配体。结果显示这样的检索方式同样可以获得相关的装配体。进一步地，在c组实验中将b组中4个输入零件中的两个进行了替换，同时保证这4个零件来自不同的装配体，这样仍然能够得到与b组类似的结果。3组不同的实验说明，装配体检索方法可以用于局部检索，并且能够得到很好的结果。

图3-11的结果在验证局部检索方法可行性的同时，还具有以下两个特点：

(1) 在增加输入零件后不相似性的值会显著增大。

在a组中最大的不相似性值为0.0025，而b组中最小的不相似性值已经达到了0.0039，输入更多的零件意味着更多的零件会参与到匹配中。例如，a组中的装

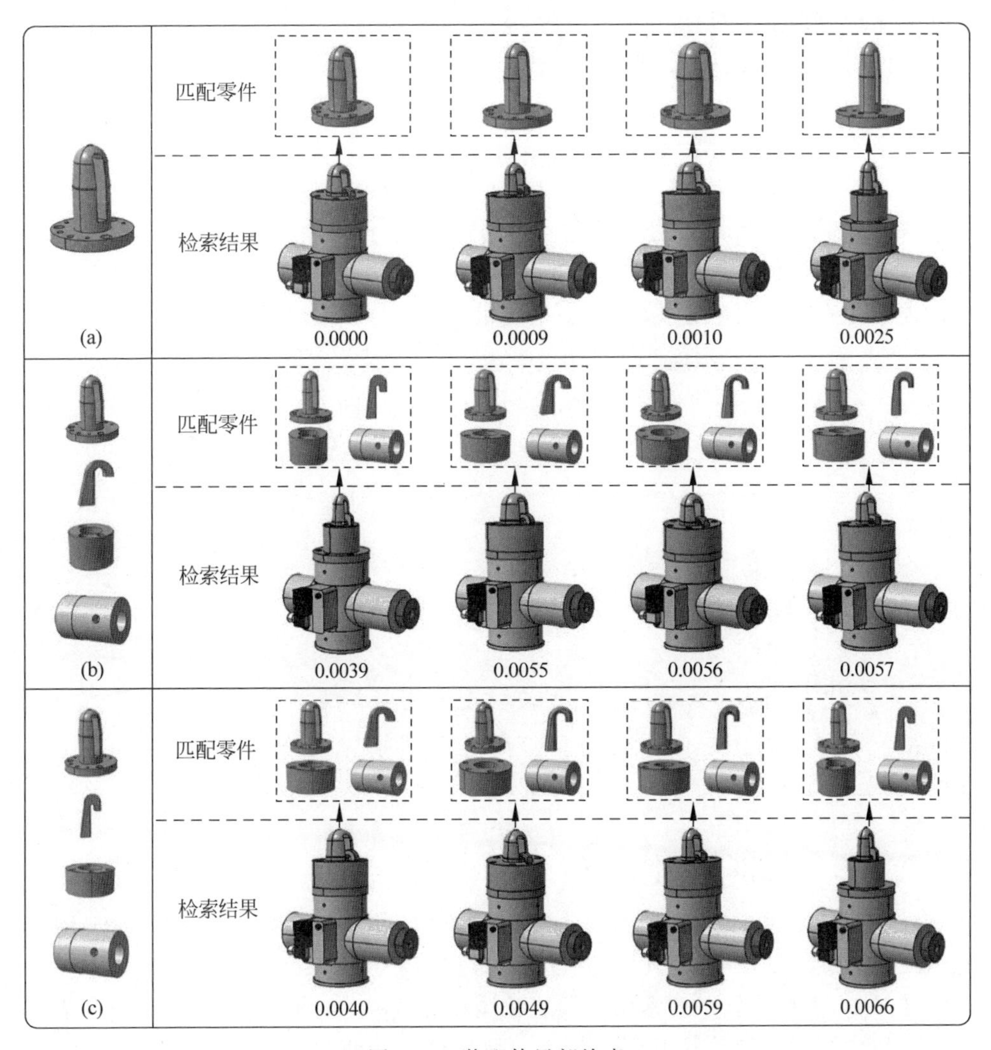

图 3-11 装配体局部检索

配体只有一个零件与输入进行匹配，而 b 组中的装配体则会有 4 个零件与输入进行匹配。根据 EMD 的计算方法，最终结果是综合每对匹配零件的不相似程度得到的，而更多的输入零件必定会导致更大的不相似性。

(2) 输入不同零件会导致检索所得装配体的顺序变化。

b 组和 c 组都是输入 4 个同类型的零件，而检索所得的装配体顺序发生了变化。检索方法实际上是在对所有零件进行综合考虑的基础上得到的最优化的匹配方案，根据匹配方案获得最终的不相似的程度。输入不同的零件会产生不同的匹配方案，而不相似性也会随之变化，带来的则是所得装配体顺序的变化。实验结果说明了检索方法在获得匹配方案的过程中对所有零件进行了综合考虑，可以保证获得的检索结果是较好的。

3.4.3　检索时间分析

检索时间是评价检索方法的一个重要指标，一个好的检索方法应该能够在较短的时间内得到检索结果。检索时间实验选择了 12 个装配体，分别包含 5，6，13，17，19，22，27，30，34，38，40，46 个零件。以这些装配体作为检索的输入，记录获得检索结果的时间。为了保证结果的准确性，每个装配体的检索时间都是运行 100 次的平均时间，结果如图 3-12 所示。

结果表明，检索时间会随着输入装配体包含零件个数的增加而增加，且最长时间(9.66s)超过了最短时间(1.01s)的 9 倍。同时，图 3-12 所示的时间增长趋势是非线性的，随着输入装配体包含零件个数的增加，时间的增长速度会加快，这与 EMD 算法的时间复杂度相符[10]。检索所需要的时间由两部分构成，一部分用来计算空间点之间的距离，另一部分用来求解线性规划。其中，零件个数的增加会导致零件信息综合相似性计算的时间增加，而这种时间增加是有限的；通过单纯形法求解线性规划，在一定范围内求解时间确实会呈非线性增长，但单纯形法作为一种有效的线性规划求解方法，在一般情况下的时间复杂度达不到指数级别。

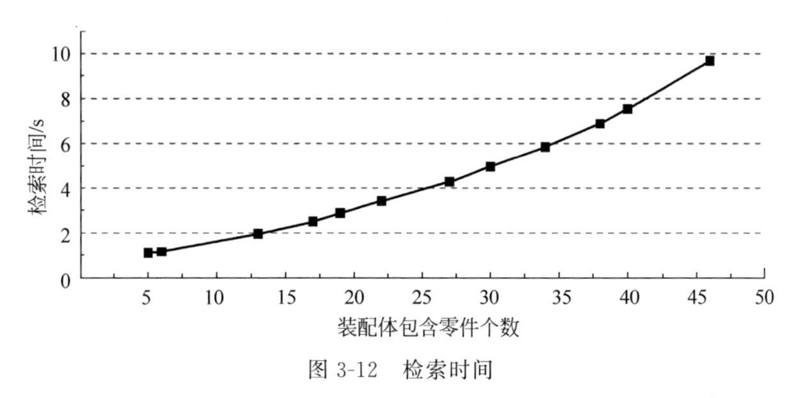

图 3-12　检索时间

参考文献

[1] OSADA R, FUNKHOUSER T, CHAZELLE B, et al. Shape distributions[J]. ACM Transactions on Graphics, 2002. 21(4): 807-832.

[2] BU S, WANG L, HAN P, et al. 3D shape recognition and retrieval based on multi-modality deep learning[J]. Neurocomputing, 2017, 259.

[3] YE J. Cosine similarity measures for intuitionistic fuzzy sets and their applications[J]. Mathematical & Computer Modelling, 2011, 53(1-2): 91-97.

[4] 郭勇. 基于《知网》的词语相似度计算研究及应用[D]. 长沙：湖南大学，2012.

[5] 张硕望，欧阳纯萍，阳小华，等. 融合《知网》和搜索引擎的词汇语义相似度计算[J]. 计算机应用，2017，37(4)：1056-1060.

[6] LING H, OKADA K. An efficient earth mover's distance algorithm for robust histogram

comparison[J]. IEEE transactions on pattern analysis and machine intelligence, 2007, 29(5): 840-853.

[7] FREEMAN W T, PASZTOR E C, CARMICHAEL O T. Learning low-level vision[J]. International journal of computer vision, 2000, 40(1): 25-47.

[8] TONES D G, MALIK J. A computational framework for determining stereo correspondence from a set of linear spatial filters[M]. Berlin: Springer, 1992.

[9] DARABIHA A, ROSE J, MACLEAN J W. Video-rate stereo depth measurement on programmable hardware[C]//Conference on Computer Vision and Pattern Recognition. Piscataway: IEEE Press, 2003.

[10] RUBNER Y, TOMASI C, GUIBAS L J. The earth mover's distance as a metric for image retrieval[J]. International Journal of Computer Vision, 2000, 40(2): 99-121.

第4章

考虑零件连接关系信息的装配体模型检索

4.1 引言

在设计人员对产品进行分析获取可重用信息的过程中，产品的构成往往包含大量连接件，例如飞机襟翼中包含大量铆钉和螺栓等，在该类情况下连接信息的表示比零件信息本身更为重要。因此，若能清晰地表示零件自身的特性及其之间的关联信息，则能更形象地描述其功能和特点，甚至根据设计功能需求直接将适合的模块推送给设计者，从而使装配体信息重用的可行性大为提高。

研究表明，利用图论的方法能清晰地表达零件间的复杂连接关系，并可利用多种图论算法和性质，对装配体的信息进行较为完备的表示[1-2]，契合多种应用场景的检索需求。本章利用图论的相关知识，讨论基于零件及其连接信息的装配体模型检索方法，主要思路如下：首先，将装配体表示为包含零件及连接信息的图模型，并建立相应简化、完整性判定规则；其次，围绕图模型建立各类零件信息的相似性计算方法，实现零件综合相似性分析；最后，将装配体相似性分析问题转换为零件集合的匹配问题，支撑基于零件及连接信息的装配体模型检索。装配体"结构-属性"的综合相似性分析过程如图 4-1 所示。

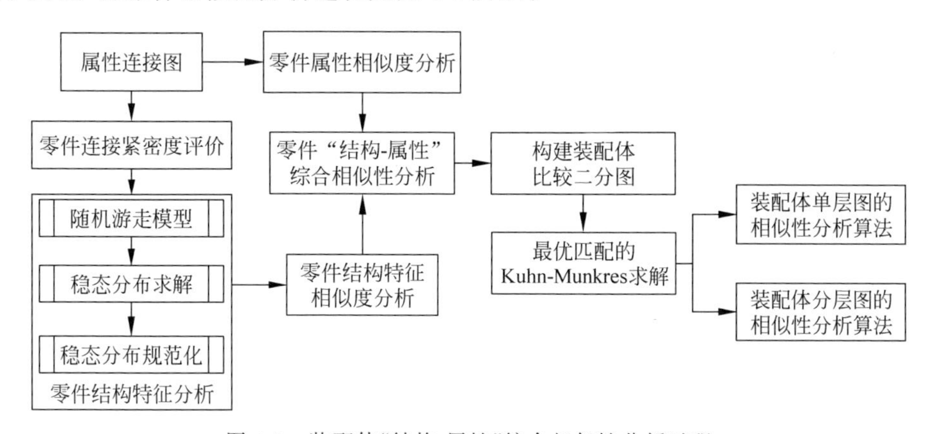

图 4-1　装配体"结构-属性"综合相似性分析过程

4.2 零件及连接关系信息描述

由于装配体模型包含了大量的零件及其连接信息，为支撑面向多种信息的重用，在装配体描述中需要考虑以下两点要求：①为充分体现装配体中的各部分所处的相对位置对功能产生的重要影响，描述模型要对装配体的整体结构信息进行表达；②为体现零件名称、类型、连接形式、功能和材料等信息，描述模型要对装配体的各种局部特性信息进行表达。为方便描述模型的构建，有必要对装配体模型进行适当的转换和表达，形成合适的数据结构以满足后续装配体比较问题的需要。

4.2.1 基于图的装配体信息描述模型

由于以无向图为基础，用图的节点和无向边能够对装配体结构中的零件连接关系信息进行准确表示，且具有旋转、缩放和平移不变性[3]，因此本章使用该类方法构建装配体描述模型。首先，可将零件构成的节点集合 P 表示如下：

$$P=\{p_1,p_2,\cdots,p_n\} \tag{4-1}$$

式中：$p_i(1\leqslant i\leqslant n)$表示装配体中第 i 个零件，n 表示装配体包含的零件个数。

其次，装配体功能结构的基础为零件间存在一定的连接关系，这种连接关系指零件由空间位置约束形成的几何接触，例如面接触、点接触等，需要根据模型中的几何信息分析得来。装配体中各个零件间是否存在连接关系可用矩阵表示：

$$\boldsymbol{L}=\begin{bmatrix} 0 & l_{1,2} & \cdots & l_{1,n} \\ l_{2,1} & 0 & \cdots & l_{2,n} \\ \vdots & \vdots & & \vdots \\ l_{n,1} & l_{n,2} & \cdots & 0 \end{bmatrix} \tag{4-2}$$

式中：$l_{i,j}=1$ 表示零件 p_i 和 p_j 间存在连接关系，否则表示不存在。

根据上述处理过程，将装配体中包含的零件及零件间的连接关系以图的形式进行表述，如图 4-2 所示。

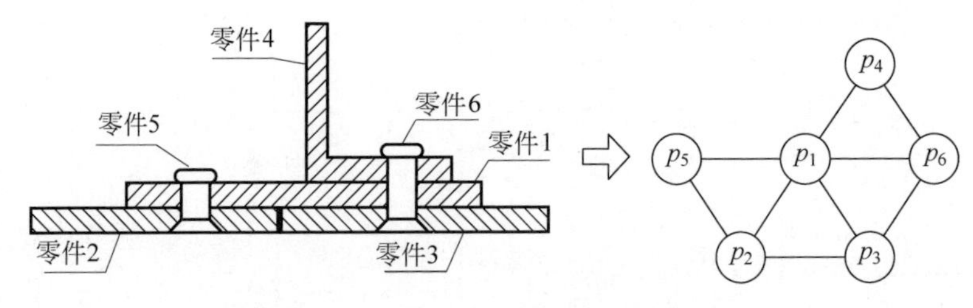

图 4-2 机翼蒙皮装配结构的图表示

为了进一步支撑装配体间的相似性分析，本章在图结构的基础上以定性和定量两种方式对装配体模型所包含的零件与连接关系信息进行描述，并分别映射为图中顶点与边的标签信息。

定义 4-1　装配体属性连接图 G 是一种具有标签的图，可表达为

$$G=\{P,L,A(p_i),A(l_i)\} \tag{4-3}$$

式中：$A(p_i)$表示顶点的标签信息，用于表达零件 p_i 的描述信息；$A(l_i)$表示边的标签信息，用于表达连接关系 l_i 的描述信息。

(1) 零件信息描述

根据 2.3.1 节，将零件信息所对应的顶点描述为以下形式：

$$\begin{aligned}A(p_i)=\{&\mathrm{PID}(p_i),\mathrm{PName}(p_i),\mathrm{PFuncSet}(p_i),\\&\mathrm{PType}(p_i),\mathrm{PMaterial}(p_i),\mathrm{PShape}(p_i),\mathrm{PStruc}(p_i)\}\end{aligned} \tag{4-4}$$

式中：$\mathrm{PStruc}(p_i)$表示零件结构特征，是一种数值类型的定量信息，具体内容将在 4.3 节进行详细阐述；$\mathrm{PID}(p_i)$，$\mathrm{PName}(p_i)$，$\mathrm{PFuncSet}(p_i)$，$\mathrm{PType}(p_i)$，$\mathrm{PShape}(p_i)$分别表示 2.3.1 节中定义的零件 ID、零件名称、零件功能、零件类型和零件形状信息。

(2) 连接关系信息描述

装配体中零件间的连接关系具有重要作用，不仅是装配结构的一种体现，而且富含了很多工艺信息。本章从连接类型和连接紧密度的角度对连接关系进行描述，给出如下定义：

$$A(l_i)=\{\mathrm{FAssPair}(l_i),\mathrm{Tight}(l_i)\} \tag{4-5}$$

式中：$\mathrm{FAssPair}(l_i)$表示连接关系类型，是对装配体中零件间装配形式的描述，由字符串表示，例如铆接、螺栓连接等。$\mathrm{Tight}(l_i)$表示连接关系紧密度，由数值表示，值域范围为 0～1。

连接关系的紧密程度反映零件在共同承担某项功能时的密切程度，可用于装配体的分析和比较。连接紧密度分析以连接所采用的形式、工艺方法和连接件为基础，以连接的稳固性、功能的相关性和可拆卸性为依据。

通常，装配体中存在数量众多的连接件，例如螺钉、铆钉等，这些零件主要用于保持装配体的结构，而对产品的功能影响较小。若将装配体中的连接件都转换为属性连接图中的节点，则会大幅增加图规模，从而增加计算复杂度。在装配体属性连接图中，利用字符串构成的连接类型标签代替连接件，在简化图结构的同时又能体现连接相关的工艺信息。如图 4-3 所示，若零件 p_5 和 p_6 为铆钉连接件，可在图中将其删去，用连接边 $l_{1,2}$，$l_{1,3}$，$l_{1,4}$ 上的标签表示这种连接关系。围绕上述思路，本章给出两个具体的图结构简化规则：

简化规则 1：若节点 A，B 与其他节点的连接关系完全相同，且具有相同的节点标签，而 A 和 B 之间本身没有连接关系，则可将 A，B 与一个共同相连的节点合并。如图 4-4 所示，节点 p_A，p_B，p_C，p_D 均与节点 p_1，p_2 有相同的连接关系，且节点 p_A，p_B，p_C，p_D 之间没有连接关系，并且是具有相同或类似功能和结构的零件，则可将这些节点与 p_1 合并为一个节点 p_E。该规则可在保持装配体整体结构

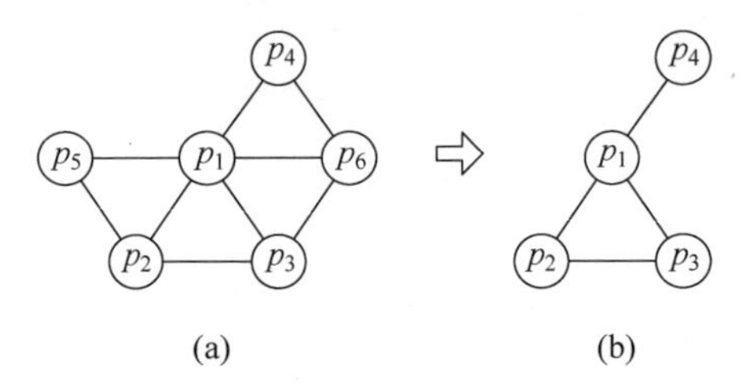

图 4-3 机翼蒙皮装配结构的装配体属性连接图表示

和功能不变的情况下，降低图的复杂程度。

简化规则 2：若节点 A 和 B 与其他节点的连接关系完全相同，且 A 和 B 之间本身有连接关系，则可将 A 和 B 合并为一个子模块。如图 4-5 所示，节点 p_A，p_B，p_C，p_D 均与节点 p_1 有相同的连接关系，且 p_A，p_B，p_C，p_D 之间有连接关系，则可将这些节点合并为一个模块节点 p_E。

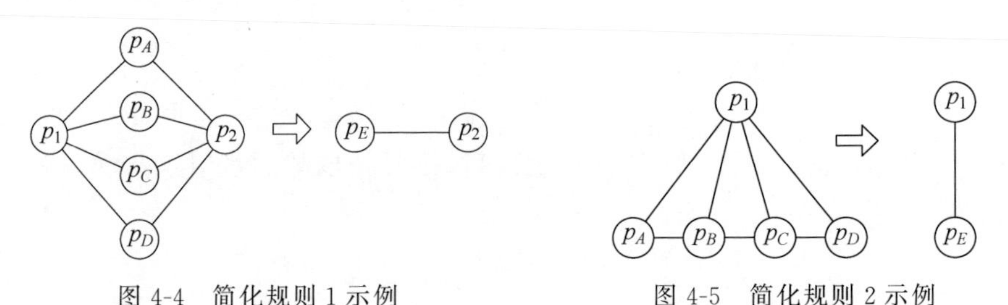

图 4-4 简化规则 1 示例　　图 4-5 简化规则 2 示例

在上述操作的基础上，利用图的节点和无向边表示零件和连接信息，并通过分析连接件的工程语义，将连接件转换为对应连接关系信息，在保持信息完整的情况下降低图规模，突出关键、重要零件间的结构关系。另外，还需建立装配体的完整性判断方法，保持装配体结构的完整性，避免由转换和分析错误导致不可行结果的出现。

4.2.2 图结构完整性判别

装配体是由若干零件通过各种装配连接形式组合而成的整体，零件之间须由某种连接结构将其位置固定下来，即装配体的结构必须是完整的，否则就表明转换过程出现错误。此外，节点遍历搜索、图同构和图匹配分析等图论分析方法都要求输入的图是连通图。因此，有必要在装配体相似性分析前对输入的图数据进行校验。

装配体结构完整性表现为对应属性连接图的连通性，即一个装配体结构是非完整的，则对应的装配体属性连接图也就是非连通的，因此可通过求解其邻接矩阵的可达矩阵来进行判断。具体过程如下：

步骤 1：以装配体属性连接图的连接矩阵 $\boldsymbol{L}$ 为输入；

步骤 2：计算可达矩阵 $\mathbf{LP}=\boldsymbol{L}^1+\boldsymbol{L}^2+\cdots+\boldsymbol{L}^n$；

步骤 3：判断可达矩阵 LP 的元素：若有 0 元素，则图为非连通的。

如图 4-6(a)所示的图结构，其对应的连接矩阵和可达矩阵分别为

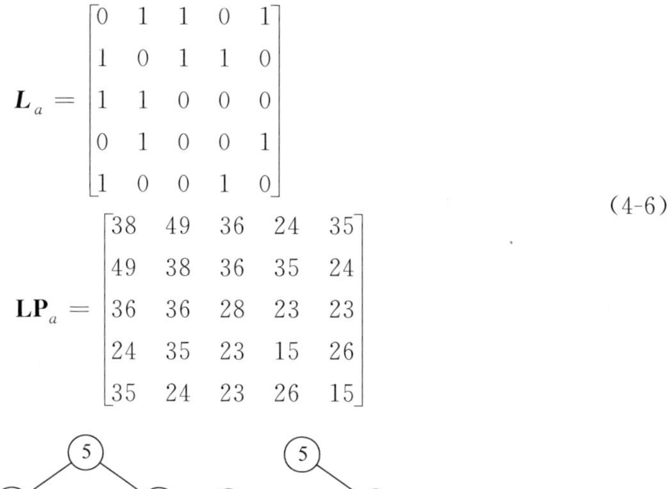

$$\boldsymbol{L}_a=\begin{bmatrix}0&1&1&0&1\\1&0&1&1&0\\1&1&0&0&0\\0&1&0&0&1\\1&0&0&1&0\end{bmatrix}$$

$$\mathbf{LP}_a=\begin{bmatrix}38&49&36&24&35\\49&38&36&35&24\\36&36&28&23&23\\24&35&23&15&26\\35&24&23&26&15\end{bmatrix}\tag{4-6}$$

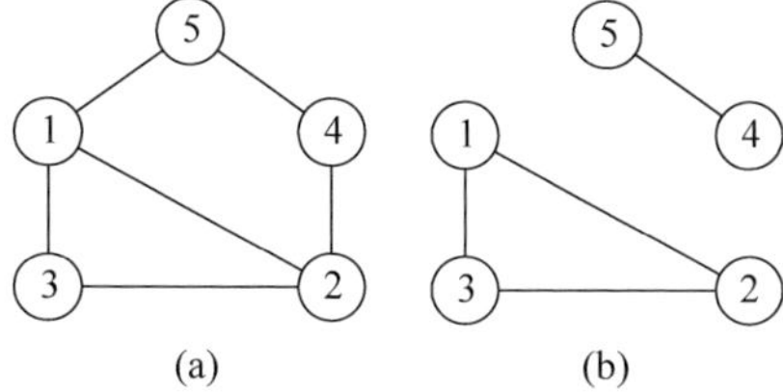

图 4-6　图结构完整性判别示例

可达矩阵中的所有元素都非 0，表示任意节点之间都有通路相连，则该图为连通图。若从图 4-6(a)中将边 $l_{1,5}$ 和 $l_{2,4}$ 去掉，得到如图 4-6(b)所示的图结构，则连接矩阵和可达矩阵分别为

$$\boldsymbol{L}_b=\begin{bmatrix}0&1&1&0&0\\1&0&1&0&0\\1&1&0&0&0\\0&0&0&0&1\\0&0&0&1&0\end{bmatrix}$$

$$\mathbf{LP}_b=\begin{bmatrix}20&21&21&0&0\\21&20&21&0&0\\21&21&20&0&0\\0&0&0&2&3\\0&0&0&3&2\end{bmatrix}\tag{4-7}$$

可以看出可达矩阵中出现了 0 元素。节点 p_4，p_5 与其他节点之间没有通路，单独构成一部分，而节点 p_1，p_2，p_3 之间有通路，组成一个连通部分。此外，利用该性质能够对图的各个连通部分进行分析，即在划分后的图中找出其中包含的子装配体。

4.3 基于随机游走模型的零件结构特征分析

结构特征反映了零件个体在装配体中与其他零件存在的连接关系。在具有相似性的两个产品结构区域中,零件结构特征本身、零件间的连接关系和配合方式都具有一定的相似性,而零件结构特征本身也应具有一定的相似性。因此,零件结构特征可作为反映装配体相似性的线索。若能建立零件结构特征的量化分析方法,则能实现装配体模型间的相似性度量。

由文献[4]可知,随机游走的稳态分布值能在一定程度上反映节点在图中的结构特征,值越大的节点在结构中越重要,该方法已成功应用于网络分析的 PageRank 算法[5]。零件在装配体中所具有的结构意义,也可通过随机游走分析。本节通过分析装配体属性连接图,将产生的稳态分布值作为零件的结构特征,并以此评价节点在图结构中的重要程度,支持后续的装配体相似性分析。具体过程为:先对零件连接关系的紧密度进行评价,在此基础上建立随机游走模型,然后通过模型稳态分布求解和规范化得出零件的结构特征。

4.3.1 零件连接关系紧密度评价

连接紧密度指零件在共同承担某项功能时的密切程度。连接紧密度分析以连接所采用的形式、工艺方法和连接件为基础,以连接的稳固性、功能的相关性和可拆卸性为依据。

为了支撑后续分析,首先需要建立连接紧密度评价规则。如表 4-1 所示,连接紧密度的值域范围可定义为 0～1 的数值。在评价过程中,需要指出的是在连接稳固性、载荷传递、能量信息传递三方面中,任何有较重要意义的一方面都应被评价为较高的连接紧密度。例如,当用大尺寸的齿轮啮合或用较粗的螺栓连接时,说明该连接结构用于传递或承受较大的载荷,评为高紧密度;而以连接的稳固性和拆卸性作为另一依据,当采用铆接或胶接时,说明连接结构非常稳固,不可拆卸,结构分析时其所连接的零件可看作整体,也应评为较高的紧密度。

表 4-1 零件连接紧密度评价规则

连接紧密度	连接配合形式	含 义 描 述
1.0	螺栓连接、孔轴配合、齿轮啮合、摩擦传动	稳固的连接,可传递很大的载荷或信息
0.8	铆钉连接、焊接、胶接	稳固的连接,可传递较大的载荷或信息
0.6	销钉连接、键槽配合	一般性连接,限制部分自由度,传递较小的载荷或信息
0.4	多面接触	较弱的连接,传递小的载荷或信息
0.2	接触但无连接件或工艺	两零件无稳固连接

在上述规则的基础上，最终将连接紧密度评价结果表示在连接紧密度矩阵 $\boldsymbol{C}$ 中，如下所示：

$$\boldsymbol{C}=\begin{bmatrix} 0 & c(1,2) & \cdots & c(1,n) \\ c(2,1) & 0 & \cdots & c(2,n) \\ \vdots & \vdots & & \vdots \\ c(n,1) & c(n,2) & \cdots & 0 \end{bmatrix} \tag{4-8}$$

式中：$c(i,j)$表示零件 i 与 j 的连接紧密度。

4.3.2 装配体结构的随机游走分析

4.3.1 节已经对零件间的连接关系进行了紧密度评价，建立了连接紧密度矩阵。本节将基于此矩阵建立随机游走模型，分析求解装配体结构特征的稳态分布。

4.3.2.1 基本随机游走模型

随机游走的核心是计算出在 t 时刻，随机过程处于节点 p_i 的概率 $x_i(t)$，并将随机过程中所有零件节点的游走概率分布用一个向量表示为 $\boldsymbol{x}(t)=[x_1(t), x_2(t),\cdots,x_n(t)]'$。其中，节点 p_i 的概率 $x_i(t)$ 会随着随机游走过程不断更新，且随机游走的移动方式有如下两种：①从节点 p_j 沿边 $l_{i,j}$ 移动到节点 p_i；②从节点 p_j 直接跳转到节点 p_i。

$$\begin{aligned} x_i(t)=&\sum_{j\in G}x(i,j\mid \text{jump})\cdot x(\text{jump}\mid j)\cdot x_j(t-1)+ \\ &\sum_{j\in E(i)}x(i,j\mid \text{arc})\cdot x(\text{arc}\mid j)\cdot x_j(t-1) \end{aligned} \tag{4-9}$$

式中：$x(i,j|\text{jump})$表示从节点 p_j 移动到节点 p_i 采用跳转方式的转移概率；$x(i,j|\text{arc})$表示从节点 p_j 移动到节点 p_i 采用沿边移动方式的转移概率；$x(\text{jump}|j)$表示采用跳转移动方式的偏好值；$x(\text{arc}|j)$表示采用沿边移动方式的偏好值；$E(i)$表示节点 p_i 的所有邻接零件节点。

4.3.2.2 基本随机游走模型简化求解

在结构特征分析中，基于装配体属性连接图的随机游走模型具有如下两方面特点：①由于装配体属性连接图属于无向图，不存在遇到末端节点的问题，因此无须计算跳转过程；②仅存在单一移动方式，可删除移动方式偏好值从而简化计算过程。

因此，可以在基本随机游走过程的基础上，通过取消偏好值和直接跳转的方式进行简化，并根据零件连接紧密度建立沿边游走的转移概率，使所得结构特征能更好地反映零件的功能和连接关系信息。依据上述思路，建立针对装配体属性连接图的简化随机游走模型如下：

$$x_i(t)=\sum_{j\in E(i)}w(i,j)\cdot x_j(t-1) \tag{4-10}$$

式中：$w(i,j)$表示节点 p_j 经过一次游走过程转移到节点 p_i 的概率。

从式(4-10)可知,简化随机游走过程是由节点间的转移概率和邻接节点在上一时刻具有的游走概率共同决定,因此在以连接紧密度为依据建立装配体随机游走模型时,需确定节点间的转移概率,过程如下:

步骤1:根据连接紧密度矩阵建立对角阵 $\boldsymbol{D}$:

$$\begin{cases} \boldsymbol{D} = \begin{bmatrix} d_1 & & & \\ & d_2 & & \\ & & \ddots & \\ & & & d_n \end{bmatrix} \\ d_i = \sum_{j=1}^{n} c(i,j) \end{cases} \tag{4-11}$$

步骤2:计算转移概率矩阵 $\boldsymbol{W}$,并按行对连接紧密度进行归一化,使所得的转移矩阵 $\boldsymbol{W}$ 的所有特征值满足 $1=\lambda_1>\lambda_2>\cdots>\lambda_n>-1$,保证简化随机游走必然收敛于特定的稳态:

$$\begin{cases} w(i,j) = \dfrac{c(i,j)}{d_i} \\ \boldsymbol{W} = \boldsymbol{D}^{-1}\boldsymbol{C} \end{cases} \tag{4-12}$$

步骤3:根据连接紧密度建立的简化随机游走矩阵形式如下:

$$\begin{cases} \boldsymbol{x}(t+1) = \boldsymbol{W} \cdot \boldsymbol{x}(t) \\ \boldsymbol{x}(t) = [x_1(t), x_2(t), \cdots, x_n(t)] \end{cases} \tag{4-13}$$

式中:$\boldsymbol{x}(t)$表示在 t 时刻图 G 中所有节点的游走概率分布。

经过一定的随机游走过程后,各节点的游走概率会逐渐趋于稳定状态,记为"x^*"。该稳定状态主要与图的结构有关,可用于表示装配体属性连接图中零件的结构特征,并采用向量迭代法(power method)[6]进行求解。

4.3.2.3 基于 PowerMethod 的稳态分布求解

随机游走过程的稳态分布求解,本质为求转移矩阵的特征值为1时所对应的特征向量。特征向量的精确计算是通过求解齐次线性方程组来进行的,但当矩阵阶数高时求解困难,还需通过数值方法快速求解,因此本节选用向量迭代法。

向量迭代方法的理论基础如下:转移矩阵 $\boldsymbol{W}$ 有 n 个特征值,$1=\lambda_1>\lambda_2>\cdots>\lambda_n>0$,每个特征值对应一个特征向量,表示为 $\boldsymbol{u}_1, \boldsymbol{u}_2, \cdots, \boldsymbol{u}_n$。因为 $\boldsymbol{W}$ 是可对角化的,对于任意一个初始向量 $\boldsymbol{x}^{(0)}$ 可以表示为特征向量的线性组合:

$$\boldsymbol{x}^{(0)} = \boldsymbol{u}_1 + \alpha_2 \boldsymbol{u}_2 + \cdots + \alpha_n \boldsymbol{u}_n \tag{4-14}$$

由于转移矩阵 $\boldsymbol{W}$ 的最大特征值 $\lambda_1=1$,有

$$\boldsymbol{x}^{(1)} = \boldsymbol{W}\boldsymbol{x}^{(0)} = \boldsymbol{u}_1 + \alpha_2 \lambda_2 \boldsymbol{u}_2 + \cdots + \alpha_n \lambda_n \boldsymbol{u}_n \tag{4-15}$$

而

$$\boldsymbol{x}^{(m)} = \boldsymbol{W}^m \boldsymbol{x}^{(0)} = \boldsymbol{u}_1 + \alpha_2 \lambda_2^m \boldsymbol{u}_2 + \cdots + \alpha_n \lambda_n^m \boldsymbol{u}_n \tag{4-16}$$

当 m 足够大时,由于 $1>\lambda_2>\cdots>\lambda_n>0$,则 $\lambda_2^m,\cdots,\lambda_n^m$ 都趋于 0,$\boldsymbol{x}^{(m)}=\boldsymbol{W}^m\boldsymbol{x}^{(0)}$ 趋于 $\boldsymbol{u}_1$,即所求的稳态分布 x^*。

通过对连接紧密度的归一化,简化随机游走模型的转移概率的特征值为 1,必然收敛于特征值为 1 时对应的特征向量,所以简化随机游走模型满足向量迭代方法的输入要求,可用于稳态分布的求解。

算法:向量迭代算法
输入:紧密度矩阵 C,最小误差 min_error
输出:稳态概率 x^*

(1) 按式(4-12)建立转移概率矩阵 $\boldsymbol{W}$
(2) 初始化特征向量 $\boldsymbol{x}=[1/n,1/n,\cdots,1/n]^{\mathrm{T}}$
(3) while error>min_error do
(4) 　　$x1\leftarrow x\pm$
(5) 　　$\boldsymbol{x}\leftarrow\boldsymbol{W}\cdot\boldsymbol{x}$　/计算更新特征向量 $\boldsymbol{x}$ 的值
(6) 　　$\text{error}=(x1-\boldsymbol{x})/x1$　/更新误差
(7) $\boldsymbol{x}^*\leftarrow\boldsymbol{x}$
(8) return $\boldsymbol{x}^*$

4.3.3 零件结构特征规范化

由于随机游走模型中各节点的稳态分布值之和为 1,当所比较的两个装配体属性连接图中节点数不一致时,其特征值的大小会受到影响:节点少的图中特征值偏大,而节点多的图则相反。因此,在分析零件数量不一致的装配体时,需要对各个零件的稳态分布值进行规范化处理,将其转变为可对比的结构特征。

设两个装配体模型分别为 a 和 b,对应的装配体属性连接图分别为 $G_a=\{P_a,L_a,A_a(p),A_a(l)\}$和 $G_b=\{P_b,L_b,A_b(p),A_b(l)\}$,其规范化函数如下:

$$\begin{cases} x_a^*=x_a^*\dfrac{n}{m}, & n<m \\ x_b^*=x_b^* \end{cases}$$
$$\begin{cases} x_a^*=x_a^* \\ x_b^*=x_b^*\dfrac{m}{n}, & n>m \end{cases} \tag{4-17}$$

式中:n 和 m 分别表示图 G_a 和 G_b 中的节点数;x_a^* 和 x_b^* 分别表示装配体 a 和 b 的稳态分布特征值。

将规范化后的稳态分布 x_a^* 和 x_b^* 置于装配体属性连接图 G_a 和 G_b 的节点标签中,作为节点的结构特征如图 4-7 所示。可以看出,经规范化后处于相同结构位置的节点,其稳态分布值归于一致,而不同结构位置的稳态分布值的差异变得更加明显。

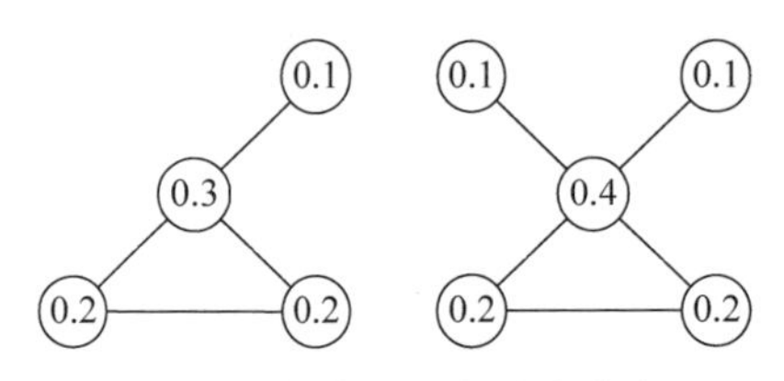

图 4-7　规范化后的稳态分布

4.4　零件综合相似性分析

4.3节对零件结构特征进行了量化表达，能够从连接紧密度的角度对零件与周围零件的结构相似性进行评价。与此同时，零件自身也具有能够进行相似性分析的信息，例如前述所提到的零件名称、零件类型和零件形状等。本节采用与第3章相同的思路，以零件为对象将多种类型信息的相似性进行融合，而对信息类型的划分则采用另一种不同的方式。

通过分析数据构成发现，除将零件信息类型区分为形状和语义信息之外，也可将零件信息划分为列表类、字符串类和数值类等。其中，列表类数据是对已定义好的列表信息项的选择。例如，对于零件类型和零件材料等信息，多数设计平台都会在产品定义时提供可选择的列表项，并依据选择结果显示对应的文本，而不需要员工手动添加文本。此时，列表信息既可按语义信息处理，也可按其背后对应的列表编码处理。与列表类信息中的文本不同，零件名称等信息在采用自然语言表达的过程中具有一定的自由度，在计算机信息系统中体现为文本字符串，因此在语义分析方法之外还可采用字符串比较方法。相较于以上两种类型的信息，数值类信息可直接进行量化计算。

结合上述分类思路，本节分别建立列表类、数值类和字符串类3种类型信息的相似性分析方法：

(1) 列表类

列表类信息在比较时只有相同或不同两种情况，因此使用没有中间值的比较相对容易。若零件的第 h 个信息值为列表类信息，则其相似性用式(4-18)计算：

$$\mathrm{Sim}(A_h(p_i^a), A_h(p_j^b)) = \begin{cases} 1, & A_h(p_i^a) = A_h(p_j^b) \\ 0, & A_h(p_i^a) \neq A_h(p_j^b) \end{cases} \tag{4-18}$$

式中：$A_h(p_i^a)$、$A_h(p_j^b)$分别表示零件 p_i^a 与 p_j^b 的第 h 个信息；$\mathrm{Sim}(A_h(p_i^a), A_h(p_j^b))$表示零件 p_i^a 与 p_j^b 第 h 种信息的相似性。

(2) 数值类

以数值形式进行表达的数据能够进行定量分析，包括零件的尺寸、结构特征等。若零件第 h 个信息为定量信息，则其相似性用式(4-19)计算：

$$\mathrm{Sim}(A_h(p_i^a),A_h(p_j^b))=1-\left|\frac{A_h(p_i^a)-A_h(p_j^b)}{\max(A_h(p_i^a),A_h(p_j^b))}\right| \tag{4-19}$$

(3) 集合/字符串

零件名称等许多信息是以集合或字符串的形式保存的。当两个名称长度不一时，其中所含的信息量的差异可能很大，相似性评价较为困难。由于集合中的一项或每个字符是否相同容易判断，根据集合相同和相异的比例可对集合和字符串信息进行相似性评价。以集合论思想为基础将集合/字符串信息的相似性用式(4-20)计算：

$$\begin{aligned}&\mathrm{Sim}(A_h(p_i^a),A_h(p_j^b))\\&=\frac{A_h(p_i^a)\cap A_h(p_j^b)}{A_h(p_i^a)\cap A_h(p_j^b)+A_h(p_i^a)\mapsto A_h(p_j^b)+A_h(p_j^b)\mapsto A_h(p_i^a)}\end{aligned} \tag{4-20}$$

式中：$A_h(p_i^a)\cap A_h(p_j^b)$表示零件 p_i^a 与 p_j^b 第 h 个信息中相同部分的元素数；$A_h(p_i^a)\mapsto A_h(p_j^b)$表示属于 p_i^a，但不属于 p_j^b 的元素数。

在不同的领域、不同的设计环节中装配体比较的侧重点可能不同，例如设计过程中可能对结构比较关注，而制造环节则对零件的材料、装配连接的工艺比较重视。因此，需要分别给出不同信息的影响权重 ω_h，最终零件的相似性由其信息相似性的加权和计算得出，如式(4-21)所示。

$$\begin{cases}\mathrm{Sim}(p_i^a,p_j^b)=\sum\limits_{h=1}^{H}\mathrm{Sim}(A_h(p_i^a),A_h(p_j^b))\times\omega_h\\ \text{s. t. }\sum\limits_{h=1}^{H}\omega_h=1\end{cases} \tag{4-21}$$

式中：$\mathrm{Sim}(p_i^a,p_j^b)$表示零件 p_i^a 与 p_j^b 的综合相似性；H 表示进行比较的信息种类；ω_h 表示第 h 种信息的权重系数。

经过上述过程，能够实现从零件及其连接关系两个方面对装配体中的零件进行相似性比较，后续需要寻找两个装配体中相似零件的对应关系，并根据对应关系将零件的相似性汇总为装配体的相似性。

4.5 基于二分图最优匹配的装配体相似性分析

在上述分析连接紧密度及其他信息的基础上，实现了以零件个体为对象的三维模型相似性综合评价。装配体相似性是由所有零件共同决定的，对于两个相似的装配体模型而言，其中必然有在形状、功能及连接结构等方面具有相似性的零件模型。因此，可以将装配体相似性分析问题转换为两个零件集合的匹配问题，使查询装配体模型中的每个零件都与另一个装配体中的一个零件相匹配，并使所有匹配的相似性之和最大。对于这类问题，可以建立两个装配体的比较二分图，并利用最优匹配算法获得零件的最优配对方案,最后评价出装配体的整体相似性。

4.5.1 面向装配体相似性分析的二分图构建

二分图是图论中的一种特殊模型,通常可被用于求解两个集合的匹配问题,其相关定义如下:

定义 4-2 若图 G 的节点集 P^B 可分为两个非空子集 P^1 和 P^2,满足 $P^1 \cup P^2 = P^B$,$P^1 \cap P^2 = \varnothing$,使任意一条边 $l_i \in L^B$ 都分别连接着 P^1 和 P^2 中的节点,则称 G 为"二分图"。

面向装配体相似性分析的二分图是一个包含两个节点集合的网络,分别包括检索装配体和模型库中待比较装配体的零件集合,两个集合间的连接边代表对应零件节点的匹配关系。设两个装配体的属性连接图分别为 $G^a=\{P^a, L^a, A^a(p_i), A^a(l_i)\}$ 和 $G^b=\{P^b, L^b, A^b(p_i), A^b(l_i)\}$,二分图的构建过程如图 4-8 所示。具体步骤如下:

步骤 1:构建二分图的节点集。使用两图中全部节点共同组成二分图 G^B 的节点,即 $P^B=P^a \cup P^b$;

步骤 2:构建二分图的边和边权值。将 P^a 和 P^b 中的节点两两相连,形成二分图的边集 $L^B=P^a \times P^b$;

步骤 3:经过 4.4 节零件的相似性分析后,二分图中边的权重由其所连接的零件相似性决定。

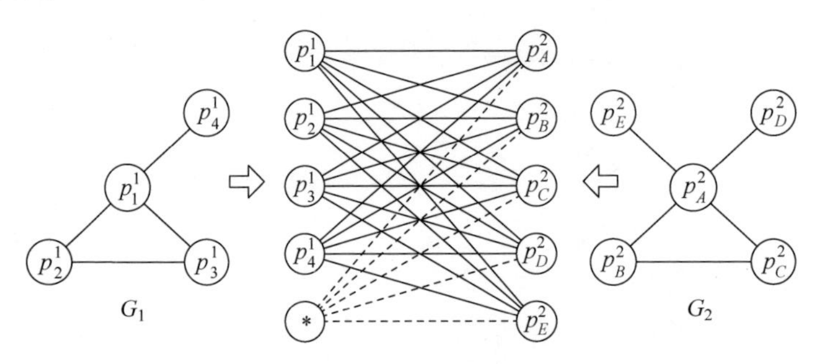

图 4-8 二分图的构建过程

由于构建二分图需要其两部分的节点数量一致,而实际对比的装配体中的零件数可能不相同,因此需要增加虚拟节点以达到节点数一致的要求,并将连接虚拟节点的边权重设为 0,使虚拟节点不对装配体相似性分析结果造成影响。当最优匹配的结果中某节点与虚拟节点匹配,则说明该零件无对应的匹配零件。

4.5.2 二分图最优匹配

上述内容构建出的二分图连接边及其权重可表达为相似矩阵形式 $\boldsymbol{S}$,图 4-8 二分图的相似矩阵如式(4-22)所示。装配体相似性分析过程是求解二分图中两集合最优匹配的过程,可通过 Kuhn-Munkres 算法[7-8]求解二分图的最优匹配的边集为 $L^O(L^O \subset L^B)$,使每个节点都仅与一条边相连,并使其权重之和最大。

$$\boldsymbol{S}=\begin{bmatrix} \mathrm{sim}(p_1^a,p_A^b) & \mathrm{sim}(p_1^a,p_B^b) & \mathrm{sim}(p_1^a,p_C^b) & \mathrm{sim}(p_1^a,p_D^b) & \mathrm{sim}(p_1^a,p_E^b) \\ \mathrm{sim}(p_2^a,p_A^b) & \mathrm{sim}(p_2^a,p_B^b) & \mathrm{sim}(p_2^a,p_C^b) & \mathrm{sim}(p_2^a,p_D^b) & \mathrm{sim}(p_2^a,p_E^b) \\ \mathrm{sim}(p_3^a,p_A^b) & \mathrm{sim}(p_3^a,p_B^b) & \mathrm{sim}(p_3^a,p_C^b) & \mathrm{sim}(p_3^a,p_D^b) & \mathrm{sim}(p_3^a,p_E^b) \\ \mathrm{sim}(p_4^a,p_A^b) & \mathrm{sim}(p_4^a,p_B^b) & \mathrm{sim}(p_4^a,p_C^b) & \mathrm{sim}(p_4^a,p_D^b) & \mathrm{sim}(p_4^a,p_E^b) \\ 0 & 0 & 0 & 0 & 0 \end{bmatrix} \tag{4-22}$$

Kuhn-Munkres 算法主要的思想是:对图 G 的相等子图 G_l 进行完美匹配搜索,从一个未匹配的节点出发,寻找可增广路,如果找到一条可增广路则沿着这条可增广路进行扩充,然后从下一个未匹配节点开始找可增广路,直到所有节点被匹配。当没有搜索到可增广路时,则对图 G 的行列标号进行调整,扩大相等子图 G_l 的边数量,直到能搜索出可增广路。

算法: Kuhn-Munkres 算法

输入: 完全赋权二分图 $G^B=\{P^a \cup P^b, P^a \times P^b\}$的相似矩阵 $\boldsymbol{S}$

输出: 最优匹配 OM,最优匹配的权值和最大权 OPW

---

(1) 建立 G^B 的可行标号,$\mathrm{mark}(p_i^a)=\max\{\mathrm{sim}(p_i^a,p_j^b) \mid p_j^b \in G^2\}$,$\mathrm{mark}(p_j^b)=0$

(2) 建立相等子图 G^E

(3) OM$\leftarrow\varnothing$,PM$\leftarrow\varnothing$

(4) while(OM$=\varnothing$) do

(5) for $p_i^a \in P^a$ do

(6) while($p_i^a \notin$ PM) do

(7) 令 $U \leftarrow \{p_i^a\}$,$V \leftarrow \varnothing$

(8) 令 $\mathrm{Path}(p_i^a) \leftarrow \varnothing$

(9) if $\mathrm{Adj}(U)=V$ do

(10) $\delta=\min\limits_{p_i^a \in U, p_j^b \notin V}\{\mathrm{mark}(p_i^a)+\mathrm{mark}(p_j^b)-\mathrm{sim}(p_i^a,p_j^b)\}$

(11) $\begin{cases} \mathrm{mark}(p_i^a) \leftarrow \mathrm{mark}(p_i^a)-\delta & p_i^a \in U \\ \mathrm{mark}(p_j^b) \leftarrow \mathrm{mark}(p_j^b)+\delta & p_j^b \notin V \\ \mathrm{mark}(p_i^a) \leftarrow \mathrm{mark}(p_i^a) & \text{else} \\ \mathrm{mark}(p_j^b) \leftarrow \mathrm{mark}(p_j^b) & \text{else} \end{cases}$

(12) 更新相等子图 G^E

(13) else if $\mathrm{Adj}(U) \neq V$ do

(14) for $p_j^b \in \mathrm{Adj}(U) \backslash V$ do

(15) if $p_j^b \in \mathrm{PM}$ then
(16) $U \leftarrow U \cup \{p_l^a\}, \forall (p_l^a, p_j^b) \in \mathrm{PM}$
(17) $\mathrm{Path}(p_i^a) \leftarrow \mathrm{Path}(p_i^a) \cup (p_l^a, p_j^b), \forall (p_l^a, p_j^b) \in \mathrm{PM}$
(18) $V \leftarrow V \cup \{p_j^b\}$
(19) else if $p_j^b \notin \mathrm{PM}$ then
(20) $\mathrm{Path}(p_i^a) \leftarrow \mathrm{Path}(p_i^a) \cup (p_k^a, p_j^b)$
(21) $\mathrm{PM} \leftarrow \mathrm{PM} \cup \mathrm{Path}(p_i) - \mathrm{PM} \cap \mathrm{Path}(p_i)$
(22) If $|\mathrm{PM}| = n$ do /有完美匹配
(23) $\mathrm{OM} \leftarrow \mathrm{PM}$
(24) $\mathrm{OPW} = \sum_{i=1}^{n} \mathrm{mark}(p_i^a) + \sum_{i=1}^{n} \mathrm{mark}(p_j^b)$ /最大权
(25) return OM,OPW

4.5.3 装配体结构相似性评价

根据4.5.2节求解的二分图最优匹配边集 L^O,利用该最优匹配关系最终获得装配体的相似度 $\mathrm{Sim}(G^a, G^b)$ 如式(4-23)所示:

$$\mathrm{Sim}(G^a, G^b) = \frac{\sum_{l(p_i^a, p_j^b) \in L^O} \mathrm{sim}(p_i^a, p_j^b)}{\max(n^a, n^b)} \tag{4-23}$$

式中:$\mathrm{Sim}(G^a, G^b)$ 表示装配体 G^a 和 G^b 的相似性;$l(p_i^a, p_j^b) \in L^O$ 表示零件 p_i^a 和 p_j^b 有最优匹配关系;$\max(n^a, n^b)$ 表示零件集 p_i^a 和 p_j^b 中零件数大的值。

最优匹配评价会受到装配体零件数量差异的影响,通过除以较大的零件数量进行规范化,以便多个相似度分析结果之间具有可比性。

4.6 实例分析

4.6.1 飞机襟翼相似性分析实例

为了验证所提出算法的有效性,本节将飞机的典型局部结构装配体模型作为分析对象,包括3种不同形式的襟翼、一种机翼翼盒和一块机身壁板。首先,通过转换和简化形成如图4-9所示的装配体属性连接图。

上述装配体中涉及了多种连接方式,包括铆接、螺栓连接、胶接和一般接触,根据这些装配连接方式及所涉及的功能,采用表4-1中的规则进行连接紧密度的评价。由于实例装配体较多,此处只将装配体2的数据列出,其连接紧密度分析结果可见表4-2。

表 4-2　装配体 2 的连接紧密度

连接关系	紧密度	连接关系	紧密度	连接关系	紧密度	连接关系	紧密度	连接关系	紧密度
$l_{1,14}$	0.8	$l_{6,15}$	1.0	$l_{8,17}$	1.0	$l_{11,16}$	0.8	$l_{14,16}$	1.0
$l_{1,15}$	1.0	$l_{6,16}$	1.0	$l_{8,18}$	1.0	$l_{11,17}$	0.8	$l_{14,17}$	1.0
$l_{2,14}$	0.8	$l_{6,17}$	1.0	$l_{9,15}$	1.0	$l_{11,18}$	0.8	$l_{15,17}$	1.0
$l_{2,15}$	1.0	$l_{6,18}$	1.0	$l_{9,16}$	1.0	$l_{12,16}$	0.8	$l_{15,18}$	1.0
$l_{3,14}$	0.8	$l_{7,15}$	1.0	$l_{9,17}$	1.0	$l_{12,17}$	0.8	$l_{16,17}$	1.0
$l_{3,15}$	1.0	$l_{7,16}$	1.0	$l_{9,18}$	1.0	$l_{12,18}$	0.8	$l_{16,18}$	1.0
$l_{4,14}$	0.8	$l_{7,17}$	1.0	$l_{10,15}$	1.0	$l_{13,16}$	0.8	$l_{17,18}$	0.8
$l_{4,15}$	1.0	$l_{7,18}$	1.0	$l_{10,16}$	1.0	$l_{13,17}$	0.8	$l_{11,12}$	0.2
$l_{5,14}$	0.8	$l_{8,15}$	1.0	$l_{10,17}$	1.0	$l_{13,18}$	0.8	$l_{12,13}$	0.2
$l_{5,15}$	1.0	$l_{8,16}$	1.0	$l_{10,18}$	1.0	$l_{14,15}$	1.0		

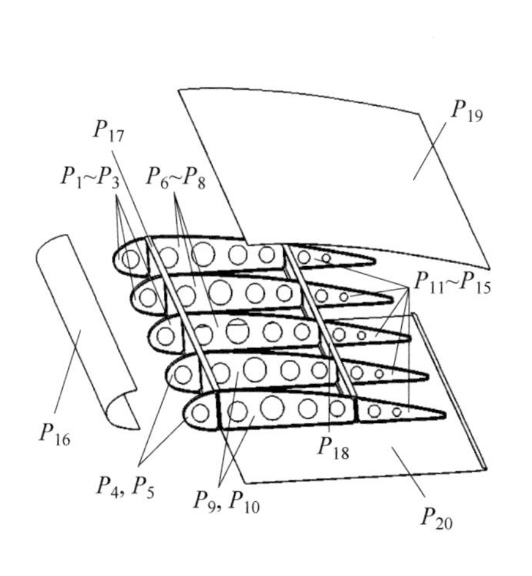

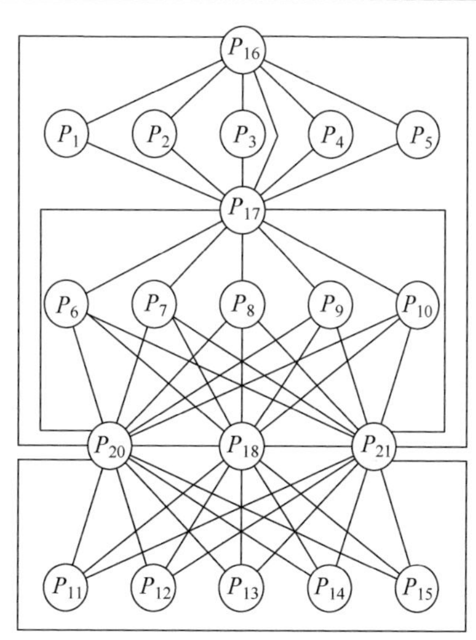

(a) 装配体1-襟翼1

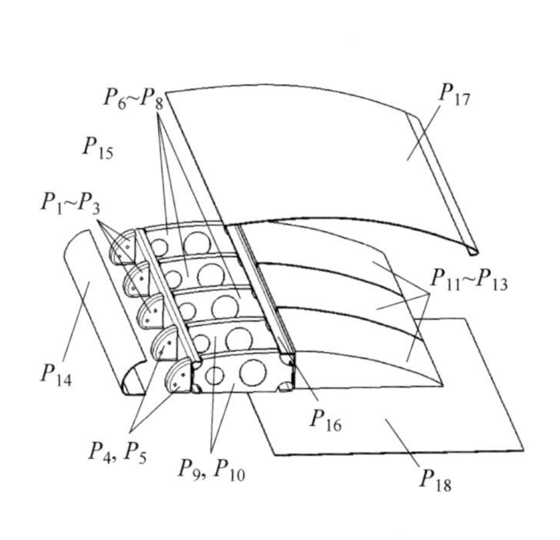

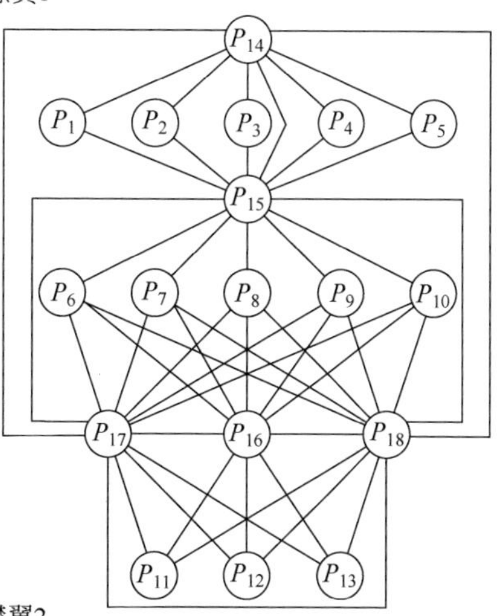

(b) 装配体2-襟翼2

图 4-9　装配体 CAD 模型及与其对应的装配体属性连接图

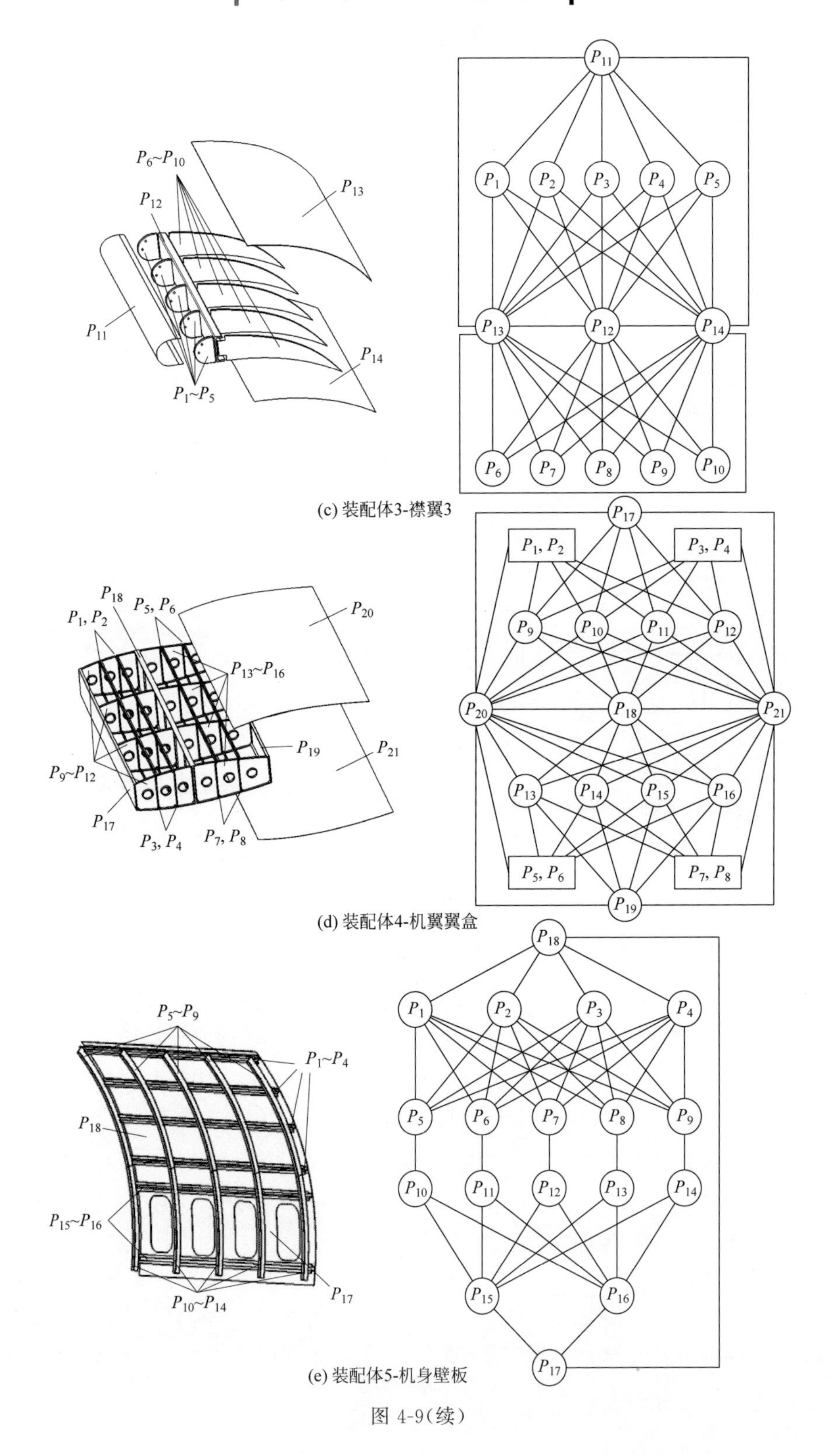

(c) 装配体3-襟翼3

(d) 装配体4-机翼翼盒

(e) 装配体5-机身壁板

图 4-9(续)

在装配体属性连接图和连接紧密度的基础上，建立相应的简化随机游走模型，并按向量迭代法求解模型的稳态分布，进行规范化得出零件的结构特征。飞机机翼的零件类型比较固定，主要有翼梁、翼肋、蒙皮、长桁、隔框和蜂窝结构等，将其作为零件的类型信息。另外，将每个零件所涉及的连接类型和数量作为连接信息。装配体 2 襟翼的各零件信息如表 4-3 所示。

表 4-3　装配体 2 的零件信息表

零件编号	稳态分布值	零件类型	连接类型			
			铆接	螺接	胶接	接触
p_1^2	0.0202	翼肋	1	1	0	0
p_2^2	0.0202	翼肋	1	1	0	0
p_3^2	0.0202	翼肋	1	1	0	0
p_4^2	0.0202	翼肋	1	1	0	0
p_5^2	0.0202	翼肋	1	1	0	0
p_6^2	0.0450	翼肋	0	4	0	0
p_7^2	0.0450	翼肋	0	4	0	0
p_8^2	0.0450	翼肋	0	4	0	0
p_9^2	0.0450	翼肋	0	4	0	0
p_{10}^2	0.0450	翼肋	0	4	0	0
p_{11}^2	0.0292	蜂窝结构	0	0	3	1
p_{12}^2	0.0315	蜂窝结构	0	0	3	2
p_{13}^2	0.0292	蜂窝结构	0	0	3	1
p_{14}^2	0.0788	蒙皮	5	3	0	0
p_{15}^2	0.1463	翼梁	0	13	0	0
p_{16}^2	0.1058	翼梁	0	7	3	0
p_{17}^2	0.1261	蒙皮	1	8	3	0
p_{18}^2	0.1261	蒙皮	1	8	3	0

依据上述结果，可进一步开展零件综合相似性分析，实例所涉及的零件类型为列表类信息，结构特征为数值类信息，连接类型为集合类字符串信息。在权重的设定方面，由于飞机结构件主要用于传递气动载荷，装配体的结构比较重要，因此设定：结构特征权重 ω_1 为 0.5，零件类型权重 ω_2 为 0.3，连接关系权重 ω_3 为 0.2。

以装配体中的两个零件 p_8^1 和 p_5^2 为例进行比较，其规范化后的稳态分布值为 0.0386 和 0.0182，代入式(4-19)可得结构相似性为 0.4725；两个零件类型相同，代入式(4-18)可得类型相似性为 1；p_8^1 的连接方式涉及 4 个螺接，p_5^2 涉及 1 个铆接 1 个螺接，其相同部分为 1 个螺接，差异部分为 1 个铆接 3 个螺接共 4 项，按式(4-20)进行集合相似性评价 1/(1+4)=0.2。零件的综合相似性为 $\mathrm{Sim}(p_8^1,p_5^2)=0.4725\times0.5+1\times0.3+0.2\times0.2=0.5763$。对装配体 1 和 2 的零件进行两两比较，得到相似性矩阵，见表 4-4。

表 4-4　装配体 1 与装配体 2 的相似性矩阵

	p_1^2	p_2^2	p_3^2	p_4^2	p_5^2	p_6^2	p_7^2	p_8^2	p_9^2	p_{10}^2	p_{11}^2	p_{12}^2	p_{13}^2	p_{14}^2	p_{15}^2	p_{16}^2	p_{17}^2	p_{18}^2
p_1^1	0.98	0.98	0.98	0.98	0.98	0.55	0.55	0.55	0.55	0.55	0.37	0.34	0.37	0.17	0.08	0.11	0.11	0.11
p_2^1	0.98	0.98	0.98	0.98	0.98	0.55	0.55	0.55	0.55	0.55	0.37	0.34	0.37	0.17	0.08	0.11	0.11	0.11
p_3^1	0.98	0.98	0.98	0.98	0.98	0.55	0.55	0.55	0.55	0.55	0.37	0.34	0.37	0.17	0.08	0.11	0.11	0.11
p_4^1	0.98	0.98	0.98	0.98	0.98	0.55	0.55	0.55	0.55	0.55	0.37	0.34	0.37	0.17	0.08	0.11	0.11	0.11
p_5^1	0.98	0.98	0.98	0.98	0.98	0.55	0.55	0.55	0.55	0.55	0.37	0.34	0.37	0.17	0.08	0.11	0.11	0.11
p_6^1	0.58	0.58	0.58	0.58	0.58	0.98	0.98	0.98	0.98	0.98	0.46	0.47	0.46	0.34	0.21	0.28	0.24	0.24
p_7^1	0.58	0.58	0.58	0.58	0.58	0.98	0.98	0.98	0.98	0.98	0.46	0.47	0.46	0.34	0.21	0.28	0.24	0.24
p_8^1	0.58	0.58	0.58	0.58	0.58	0.98	0.98	0.98	0.98	0.98	0.46	0.47	0.46	0.34	0.21	0.28	0.24	0.24
p_9^1	0.58	0.58	0.58	0.58	0.58	0.98	0.98	0.98	0.98	0.98	0.46	0.47	0.46	0.34	0.21	0.28	0.24	0.24
p_{10}^1	0.58	0.58	0.58	0.58	0.58	0.98	0.98	0.98	0.98	0.98	0.46	0.47	0.46	0.34	0.21	0.28	0.24	0.24
p_{11}^1	0.67	0.67	0.67	0.67	0.67	0.81	0.81	0.81	0.81	0.81	0.60	0.61	0.60	0.28	0.16	0.21	0.18	0.18
p_{12}^1	0.67	0.67	0.67	0.67	0.67	0.81	0.81	0.81	0.81	0.81	0.60	0.61	0.60	0.28	0.16	0.21	0.18	0.18
p_{13}^1	0.67	0.67	0.67	0.67	0.67	0.81	0.81	0.81	0.81	0.81	0.60	0.61	0.60	0.28	0.16	0.21	0.18	0.18
p_{14}^1	0.67	0.67	0.67	0.67	0.67	0.81	0.81	0.81	0.81	0.81	0.60	0.61	0.60	0.28	0.16	0.21	0.18	0.18
p_{15}^1	0.67	0.67	0.67	0.67	0.67	0.81	0.81	0.81	0.81	0.81	0.60	0.61	0.60	0.28	0.16	0.21	0.18	0.18
p_{16}^1	0.19	0.19	0.19	0.19	0.19	0.37	0.37	0.37	0.37	0.37	0.26	0.27	0.26	0.98	0.29	0.39	0.65	0.65
p_{17}^1	0.09	0.09	0.09	0.09	0.09	0.22	0.22	0.22	0.22	0.22	0.15	0.15	0.15	0.32	0.98	0.77	0.55	0.55
p_{18}^1	0.09	0.09	0.09	0.09	0.09	0.24	0.24	0.24	0.24	0.24	0.16	0.17	0.16	0.34	0.92	0.80	0.59	0.59
p_{19}^1	0.10	0.10	0.10	0.10	0.10	0.21	0.21	0.21	0.21	0.21	0.14	0.14	0.14	0.61	0.68	0.44	0.83	0.83
p_{20}^1	0.10	0.10	0.10	0.10	0.10	0.21	0.21	0.21	0.21	0.21	0.14	0.14	0.14	0.61	0.68	0.44	0.83	0.83

最后，采用 Kuhn-Munkres 算法，得出二分图的最优匹配。在最优匹配的基础上，按式(4-23)得出装配体的整体相似性。其中，最优匹配得出的装配体 1 和 2 的相似性为 0.8001，其他装配体的相似性分析结果详见表 4-5。

表 4-5　装配体的相似性

	1	0.8001	0.6209	0.5689	0.4263
		1	0.7000	0.5341	0.4394
			1	0.4264	0.3678
				1	0.5327
					1

从表 4-5 可以看出，相似性的评价结果与直观理解较为相近，3 种不同类型的襟翼之间相似性较高，而襟翼与机翼翼盒和机身壁板的相似性较低。经过最优匹配分析还能得到零件的匹配关系如表 4-6 所示，这些关系反映了装配体的相似和差异的细节。

表 4-6　装配体的节点匹配

装　配　体	匹 配 节 点	未匹配节点
1 和 2	$p_1^1 \sim p_5^1 \leftrightarrow p_1^2 \sim p_5^2$；$p_6^1 \sim p_{10}^1 \leftrightarrow p_6^2 \sim p_{10}^2$； $p_{13}^1, p_{14}^1, p_{15}^1 \leftrightarrow p_{11}^2, p_{12}^2, p_{13}^2$；$p_{16}^1 \leftrightarrow p_{14}^2$；$p_{17}^1 \leftrightarrow p_{15}^2$； $p_{18}^1 \leftrightarrow p_{16}^2$；$p_{19}^1 \leftrightarrow p_{18}^2$；$p_{20}^1 \leftrightarrow p_{17}^2$	p_{11}^1；p_{12}^1
2 和 4	$p_1^2 \leftrightarrow p_{11}^4$；$p_2^2 \leftrightarrow p_{10}^4$；$p_3^2 \leftrightarrow p_9^4$；$p_4^2 \leftrightarrow p_2^4$；$p_5^2 \leftrightarrow p_1^4$ $p_6^2 \sim p_{10}^2 \leftrightarrow p_{12}^4 \sim p_{16}^4$；$p_{11}^2 \sim p_{13}^2 \leftrightarrow p_6^4 \sim p_8^4$；$p_{14}^2 \leftrightarrow p_{17}^4$ $p_{15}^2 \leftrightarrow p_{18}^4$；$p_{16}^2 \leftrightarrow p_{19}^4$；$p_{17}^2 \leftrightarrow p_{20}^4$；$p_{18}^2 \leftrightarrow p_{21}^4$	p_3^4；p_4^4；p_5^4

装配体 1 和 2 的零件匹配情况如表 4-6 所示：前缘翼肋 $p_1^1 \sim p_5^1$ 与同类的 $p_1^2 \sim p_5^2$ 匹配；翼肋 $p_6^1 \sim p_{10}^1$ 与同类的 $p_6^2 \sim p_{10}^2$ 匹配；前缘蒙皮 p_{16}^1 与同类的 p_{14}^2 匹配，蒙皮 p_{19}^1 和 p_{20}^1 与同类的 p_{17}^2 和 p_{18}^2 匹配；翼梁 p_{17}^1 和 p_{18}^1 与同类的 p_{15}^2 和 p_{16}^2 匹配，上述部分的零件匹配度很高，体现了两个装配体中结构相同的部分。翼肋 $p_{13}^1, p_{14}^1, p_{15}^1$ 与蜂窝结构 $p_{11}^2, p_{12}^2, p_{13}^2$ 的相似性较低，两组零件的匹配反映了其结构的相似性，而类型的差异降低了零件的相似性。翼肋 p_{11}^1 和 p_{12}^1 未能实现

匹配,是两个装配体的不同之处。

装配体 2 和 4 的零件匹配情况如表 4-6 所示,可以看出翼肋、翼梁和上下蒙皮的部分实现了准确的匹配,而装配体 4 中的长桁部分未能与装配体 2 中的零件实现良好匹配,表现为 p_3^4,p_4^4,p_5^4 未实现匹配,而 p_1^4,p_2^4,p_6^4,p_7^4,p_8^4 虽然有匹配零件但相似性很低,且装配体之间零件数量相差较大,所以整体的相似性较低。

从实例分析的结果可以看出,结合零件信息和连接关系进行装配体相似性分析具有可行性,不仅能对装配体的整体相似性做出评价,并且能对装配体中相似的局部结构进行识别。在权重设定方面:结构特征和连接方式有一定的相关性,当侧重装配体结构相似性分析,或对检索结果的精确性要求低,希望获得较多检索结果时,可提高这两项的权重。例如,实例中装配体 1 和 2 的部分翼肋和蜂窝零件虽然零件类型差异大,但在装配体中的位置和连接关系都非常类似且权重较高,所以实现了匹配。在对检索结果精确性的要求较高、希望获得的检索结果较少时可提高零件类型的权重。

4.6.2 轴承相似性分析实例

文献[9]提出了基于图同构的装配体局部结构相似性分析的方法,采用 5 种轴承及机座的局部装配结构进行验证,通过对装配体进行预处理后形成的属性连接图如图 4-10 所示,最终得到如表 4-7 的装配体相似性评价结果和节点匹配关系。

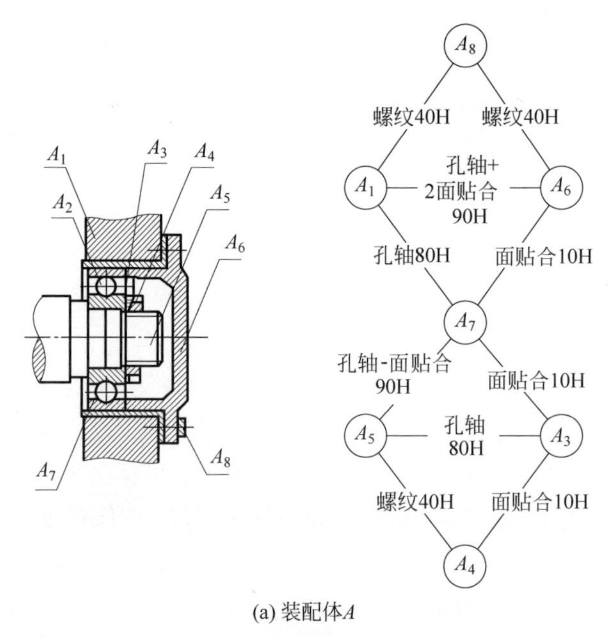

(a) 装配体A

图 4-10 文献[9]实例的模型及装配体属性连接图

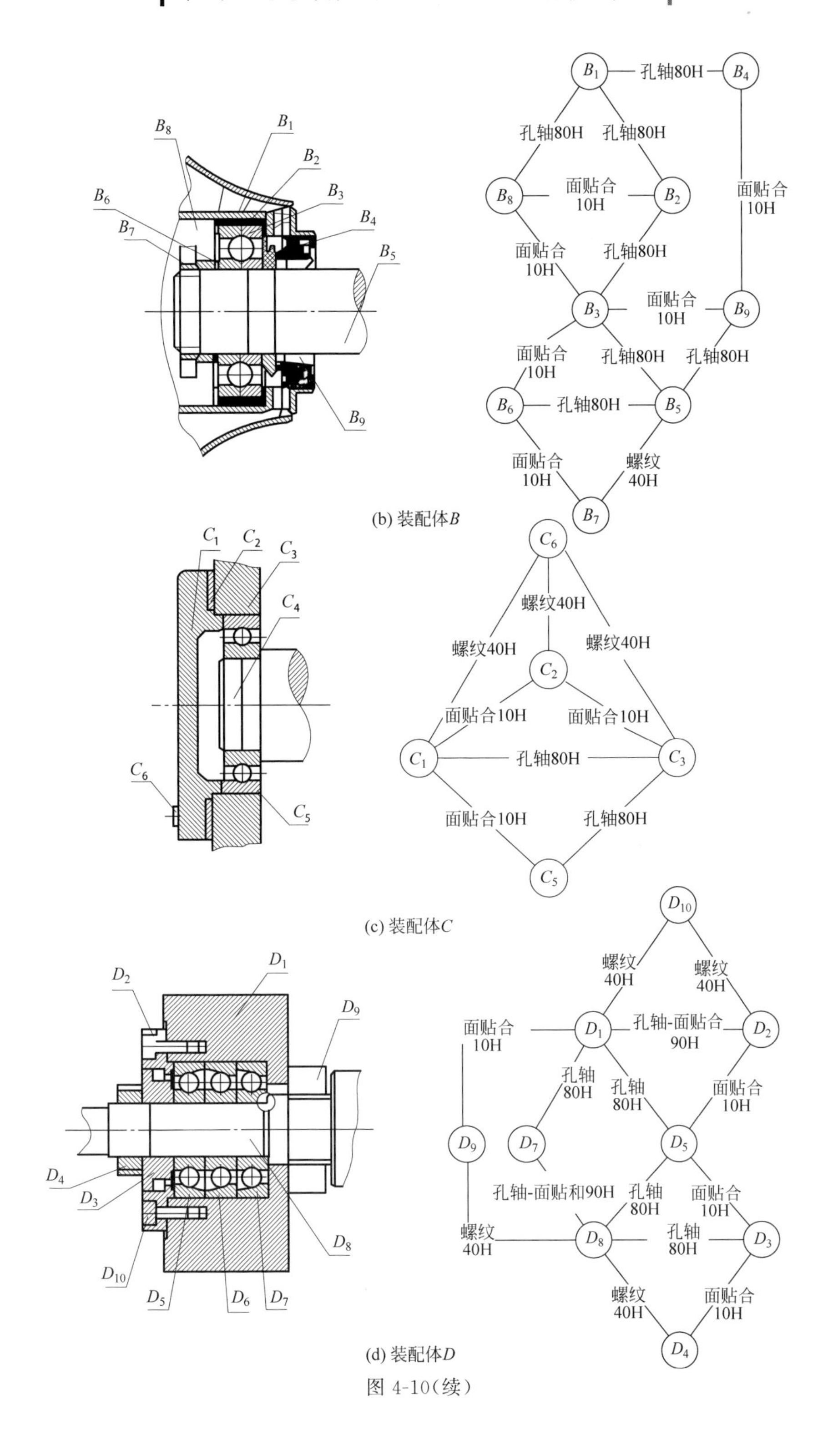

(b) 装配体B

(c) 装配体C

(d) 装配体D

图 4-10(续)

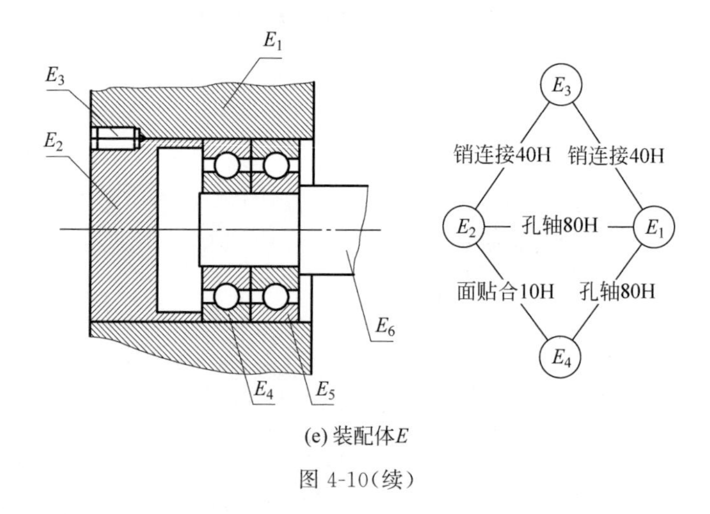

(e) 装配体E

图 4-10(续)

对该实例进行分析，由于文献[9]主要以连接方法进行比较，为使分析结果有可比较性，主要根据图的结构特征和连接方式进行相似性分析，将连接标签权重设为 0.7。结构特征相似性计算采用式(4-19)，而连接方式的比较采用文献[9]的方法，分析结果如表 4-7 所示。

表 4-7　两种相似性分析方法的结果

装配体	文献方法		本章方法		
	相似性	匹配节点	相似性	匹配节点 (与文献相同部分)	匹配节点 (不同部分)
A-B	0.58	$p_8^A \leftrightarrow p_1^B$；$p_2^A \leftrightarrow p_2^B$； $p_6^A \leftrightarrow p_8^B$ $p_7^A \leftrightarrow p_3^B p_3^A \leftrightarrow p_6^B$； $p_5^A \leftrightarrow p_5^B$ $p_4^A \leftrightarrow p_7^B$	0.6019	$p_2^A \leftrightarrow p_2^B$；$p_6^A \leftrightarrow p_8^B$ $p_7^A \leftrightarrow p_3^B$；$p_3^A \leftrightarrow p_6^B$ $p_4^A \leftrightarrow p_7^B$	$p_5^A \leftrightarrow p_1^B$ $p_8^A \leftrightarrow p_5^B$
B-E	0.42	未匹配	0.3123		
C-E	0.77	$p_6^C \leftrightarrow p_3^E$；$p_1^C \leftrightarrow p_2^E$ $p_3^C \leftrightarrow p_1^E p_{5'}^C \leftrightarrow p_{4'}^E$	0.5947	$p_6^C \leftrightarrow p_3^E$；$p_1^C \leftrightarrow p_2^E$ $p_3^C \leftrightarrow p_1^E$；$p_{5'}^C \leftrightarrow p_{4'}^E$	
A-D	0.792	$p_8^A \leftrightarrow p_{10}^D$；$p_2^A \leftrightarrow p_1^D$； $p_{6'}^A \leftrightarrow p_2^D$ $p_7^A \leftrightarrow p_{5'}^D$；$p_3^A \leftrightarrow p_3^D$； $p_5^A \leftrightarrow p_8^D$ $p_4^A \leftrightarrow p_4^D$	0.6801	$p_8^A \leftrightarrow p_{10}^D$；$p_2^A \leftrightarrow p_1^D$ $p_{6'}^A \leftrightarrow p_2^D$；$p_7^A \leftrightarrow p_{5'}^D$ $p_3^A \leftrightarrow p_3^D$	$p_4^A \leftrightarrow p_8^D$ $p_5^A \leftrightarrow p_6^D$
D-E	0.47	未匹配	0.3349		

由表 4-7 可看出，采用上文提出的方法评价出的相似值比文献中的方法分析

数值小0.1左右，但两种方法对相似性的评价结果的大小顺序基本一致。在节点匹配方面，装配体C-E的节点匹配结果完全一致；而装配体A-B和A-D的分析中出现了两对相异节点匹配，这是由随机游走方法对结构的变化比较敏感导致的，该方法的优势在于计算量相对较小，且在无同构的情况下鲁棒性较强。该相似性分析方法的计算复杂度主要集中于Kuhn-Munkres算法，为$O(n^3)$。相比于采用子图同构的方法，计算量已明显减少，因为子图同构方法的计算复杂度为NP完全的。通过建立简化的随机游走模型能降低计算复杂度，采用Power Method算法的计算量为$O(n^2)$，所以算法的总计算量近似为$O(n^3)$。此外，当装配体转换为装配体属性连接图时，通过连接件的边语义表示和相关简化规则，简化了图结构也能进一步降低计算的复杂性。同时，算法还存在一定的缺陷，相比于子图同构方法，结构比较还不够精确，对于两个装配体中出现的局部相同结构，有时还不能准确地识别并建立对应的零件匹配关系。

参考文献

[1] 付宜利，田立中，董正卫，等.装配关系的有向图表达方法研究[J].计算机集成制造系统，2003，9(2)：149-153.

[2] BIASOTTI S，MARINI S，SPAGNUOLO M，et al. Sub-part correspondence by structural descriptors of 3D shapes[J]. Computer Aided Design，2006，38(9)：1002-1019.

[3] CHARTRAND G，PING Z. Introduction to graph theory[J]. Networks，2001. 30(1)：73.

[4] NEWMAN M E J. A measure of betweenness centrality based on random walks[J]. Social Networks，2005，27(1)：39-54.

[5] GORI M，MAGGINI M，SARTI L. Exact and approximate graph matching using random walks[J]. IEEE Transactions on Pattern Analysis & Machine Intelligence，2005，27(7)：1100-1111.

[6] STEFANO S C. Jordan canonical form of the Google matrix：A potential contribution to the PageRank computation[J]. SIAM Journal on Matrix Analysis and Applications，2005，27(2)：305-312.

[7] AHUJA R K，MAGNANI T L，ORILIN J B. Network flows-theory，algorithms and applications[J]. Journal of the Operational Research Society，1993，45(11)：791-796.

[8] MUNKRES J. Algorithms for the assignment and transportation problems[J]. SIAM J.，1962，10.

[9] 周炜，郑建荣，颜建军.基于子图同构与事例匹配的装配体局部结构相似性分析[J].计算机辅助设计与图形学学报，2010，22(2)：299-305.

第5章

基于空间连接骨架的装配体检索

5.1 引言

通过第 3 章和第 4 章可知,零件及其连接关系是装配体包含的最重要的信息,能够有效体现装配本身的各类特征。其中,零件之间的连接关系可以从工艺视角抽象为连接类型,也可以从几何要素视角抽象为面与面之间的配合。但是,上述抽象过程都未有效体现装配体中零件之间的空间位置关系。存在上述问题的主要原因是零件信息、零件的连接关系信息和空间位置信息难以纳入统一的信息描述空间。

本章借鉴了一些研究者使用骨架模型来进行模型相似性比较[1-4]的思路,提出了一种具有更好的区分度和对应性的空间连接骨架模型,并以此为基础进行装配体整体和局部的相似性度量,具体步骤如下：首先,利用零件模型的空间位置和配合关系信息,建立以空间连接骨架为基础的装配体模型描述符;然后,构建零件广义形状序列作为对比单元,基于最优子序列算法对不同装配体进行匹配系数计算,实现装配体整体结构的相似性分析;最后,依据装配体描述符构建广义属性连接图,采用剪枝优化 Ullmann 算法分析装配体属性连接图之间的子图同构关系,实现装配体的局部结构相似性分析。

5.2 基于空间连接骨架的装配体模型描述

通过上述分析可知,为综合描述形状、空间位置以及配合关系信息,需要首先构建装配体空间连接骨架来实现对装配体模型的有效描述。

5.2.1 装配体的空间连接骨架

为便于后续分析,首先结合零件模型及其配合关系信息将装配体 AM 表示如下：

$$\mathrm{AM}=\{\mathrm{PM}_1,\mathrm{PM}_2,\cdots,\mathrm{PM}_n;\mathrm{MR}_1,\mathrm{MR}_2,\cdots,\mathrm{MR}_m\} \tag{5-1}$$

式中：PM 表示装配体中所包含的零件模型;MR 表示零件间的配合信息;n,m

分别表示装配体中零件及配合关系的数量。

MR是构建空间连接骨架的重要组成部分，基于2.3.2节的分析对其表示如下：

$$\mathrm{MR}=(\mathrm{CFeatureSet}\,|\,\mathrm{PM}_1,\mathrm{PM}_2) \tag{5-2}$$

式中：$\mathrm{CFeatureSet}_j$ 表示装配体中零件PM_1 与零件PM_2 的配合面信息，根据配合位置的不同，零件模型间可能存在多个配合面。

以上述定义为基础，为了综合表述装配体的空间结构，本节给出一种装配体的空间连接骨架，具体定义如下：

定义5-1　空间连接骨架(spatial connection skeleton，SCS)由骨架点、关节点和骨架连接矩阵组成，反映装配体中零件空间位置和配合关系信息，具体表示如下：

$$\mathrm{SCS}=\{\mathrm{sp},\mathrm{jp},\mathbf{sc}\} \tag{5-3}$$

式中：sp为骨架点，用于表达零件的空间位置信息，本章中零件空间位置信息由零件形心点坐标值表示，其在描述空间中的位置对应零件模型PM_i 的形心；jp为关节点，用于表达零件间的配合关系信息，由配合面的面中心坐标值表示，其在描述空间中的空间位置对应配合面$\mathrm{CFeatureSet}_j$ 的形心；**sc**为骨架连接矩阵，由配合关系信息对应的零件以及配合面表示。**sc**是$n+m$ 维0-1矩阵，矩阵中元素为1代表骨架中的对应节点相互连接，元素为0代表节点间不相连。

此外，为了保证骨架点彼此通过关节点连接，对骨架连接矩阵**sc**进行以下约束：

$$\mathbf{sc}(i,j)=0 \quad (i,j\leqslant n \text{ 或 } n+1\leqslant i,j\leqslant n+m) \tag{5-4}$$

如图5-1所示，装配体实例中共有7个骨架点sp，9个关节点jp，骨架点与关节点相连，相互组成18组连接关系。至此完成了装配体空间连接骨架的构建，骨架包含了零件间的空间结构信息和连接关系信息，可作为装配体描述符的“骨骼”。

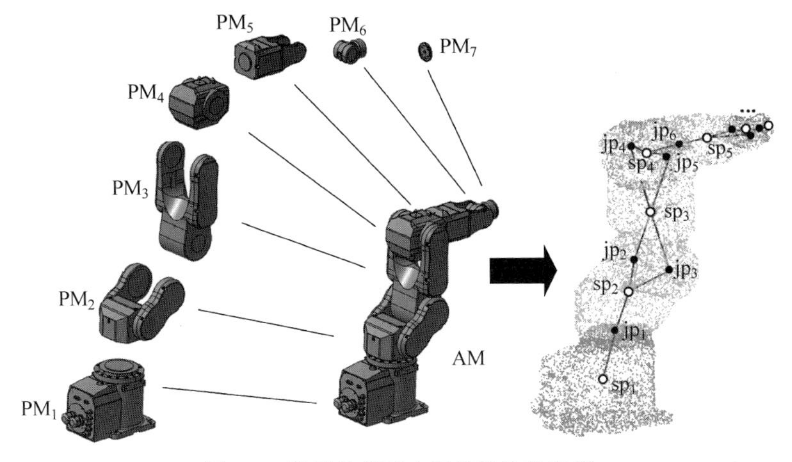

图5-1　装配体模型空间连接骨架实例

5.2.2 装配体的广义形状距离

空间连接骨架可以表示装配体中零件模型的空间位置和配合关系信息，但还需要对装配体形状信息进行描述。在三维模型的形状描述方法中，Osada[5]将模型表面点集的空间距离分布的统计结果作为形状特征构建描述符，在模型检索方面取得了很好的结果。表面点集是模型形状描述信息的一种[6]，可以应用于机械工程领域三维模型形状信息的描述。然而，装配体中的零件通过运动副等方式连接，其整体外形形状随装配体的姿态变化，简单利用装配体整体外形的空间距离分布不具备唯一性，因此不能有效描述装配体的形状信息。鉴于此，本章以空间连接骨架为基础，依据形状分布理论提出广义形状距离的概念，建立融合零件的形状及配合信息的距离分布方法，并作为构建装配体描述符的基本组成单元。可将装配体广义形状距离定义如下：

定义 5-2 对于装配体中零件表面上任意两点 p，q，其广义形状距离 gd 定义如下：

$$\mathrm{gd}(\mathrm{point}_p, \mathrm{point}_q) = \mathrm{spdist}_p + \mathrm{skeletondist}(i, j) + \mathrm{spdist}_q \tag{5-5}$$

式中：spdist_p 和spdist_q 表示零件表面上两点 p 和 q 到各自骨架点sp_i 和sp_j 的空间欧氏距离，描述了装配体中零件形状信息；skeletondist(i，j)表示装配体中的骨架点sp_i 与sp_j 在骨架中的最短距离路径，描述了装配体中零件间的空间位置和配合关系信息。

下面对广义形状距离中 spdist 和 skeletondist 所代表的形状信息和空间连接信息进行说明。

1）形状信息

形状信息的表达需要对包含 n 个零件的装配体 AM 表面进行采样，得到每个零件表面点集(surface point set，SS)($i \leqslant n$)，共同构成装配体表面点集集合，如图 5-2 所示。

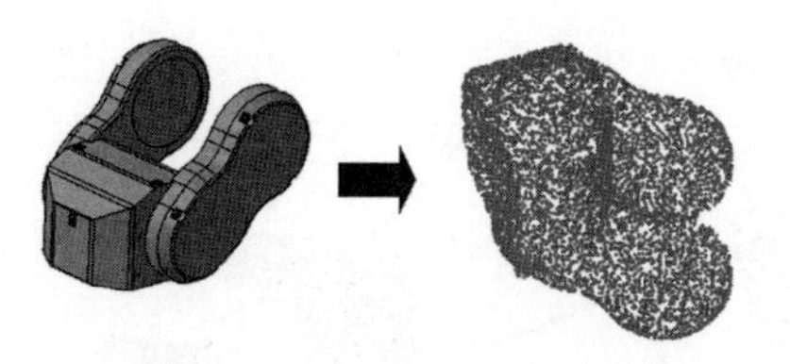

图 5-2 通过表面点集 SS 表达零件形状信息

通过零件表面信息的采样与样本三角形内随机样本点的生成方法，可以进行形状分布信息的描述：如果表面随机点$\mathrm{point}_p \in \mathrm{SS}_i$，那么形状信息$\mathrm{spdist}_p$ 就表示point_p 到表面点集SS_i 所对应PM_i 零件的骨架节点sp_i 的三维空间欧氏距离，spdist_p 计算公式为

$$\mathrm{spdist}_p = |\mathrm{point}_p - \mathrm{sp}_i| \tag{5-6}$$

2)空间连接信息

根据空间连接骨架模型 SCS 中节点信息,可以得出装配体骨架模型内部 n 个骨架节点中任意两个骨架节点之间最短路径距离,并形成 $n \times n$ 维的距离矩阵。该距离矩阵不随装配体外形变化而改变。在构建骨架距离矩阵时,需考虑如下三点:

(1) 对称性:在装配体中零件间连接不具有方向性,两个零件间的最短路径不因起点终点的不同而发生变化,因此骨架距离矩阵应为对称矩阵;

(2) 非零性:在装配体骨架中,任意属于装配体的零件都通过一种或几种连接方式与装配体中的另外一个零件相连,并产生配合关系,因此骨架距离矩阵中非对角线元素都不为零;

(3) 不变性:为保证零件在不同位置都能表达相同的配合关系,骨架距离矩阵中元素应不随装配体转动、平移而发生变化。

在上述分析的基础上,将骨架距离矩阵定义如下。

定义 5-3　骨架距离矩阵 **skeletondist**(i,j)包含装配体 n 个零件中任意两个骨架节点sp_i 与sp_j 间的最短路径:

$$\mathbf{skeletondist}(i,j)=\mathrm{shortestpath}(\mathrm{sp}_i,\mathrm{sp}_j)\quad (i,j\leqslant n) \tag{5-7}$$

式中:**skeletondist**(i,j)表示最短骨架矩阵;$\mathrm{shortestpath}(\mathrm{sp}_i,\mathrm{sp}_j)$表示根据骨架点集合$\{\mathrm{sp}_1,\mathrm{sp}_2,\cdots,\mathrm{sp}_n\}$、关节点集合$\{\mathrm{jp}_1,\mathrm{jp}_2,\cdots,\mathrm{jp}_n\}$,以及骨架连接矩阵 **sc**,采用 floyd 算法[6]计算三维空间中sp_i 与sp_j 间的最短路径的函数。

5.2.3　装配体的广义形状描述符构建

广义形状距离的计算量化表达了装配体形状与配合信息,解决了装配体描述符建立过程中形状与配合信息难以统一表征的问题。围绕上述分析,可基于广义形状距离的计算构建描述符,用以支撑后续装配体相似性的计算。具体步骤如下:

步骤 1:输入装配体模型的零件三维模型数据和最短骨架矩阵;

步骤 2:在所有零件模型表面中随机采集两个点,计算两点之间的广义形状距离 gd;

步骤 3:重复步骤 2 采样 N 次,通过构建一个组数为 B 的直方图来表示采样距离值的分布,可参考第 3 章中的形状信息描述方法;

步骤 4:由步骤 3 中的直方图生成装配体广义形状距离描述符;

步骤 5:结束。

如图 5-3 所示,以装配体中的两个零件为例,构建装配体广义形状描述符的过程如下:首先,在两个零件上取随机点point_p,point_q,得到形状信息 spdist_p 与 spdist_q 以及其零件间的骨架距离 $\mathrm{skeletondist}(i,j)$;然后,计算广义形状距离 gd;最后,通过重复 10^6 次采样得到装配体中两个零件的广义形状信息描述符 GD。其中,横坐标代表距离,纵坐标代表频数。

在描述符构建过程中,统计频数与区间分布会对统计结果产生影响。统计频

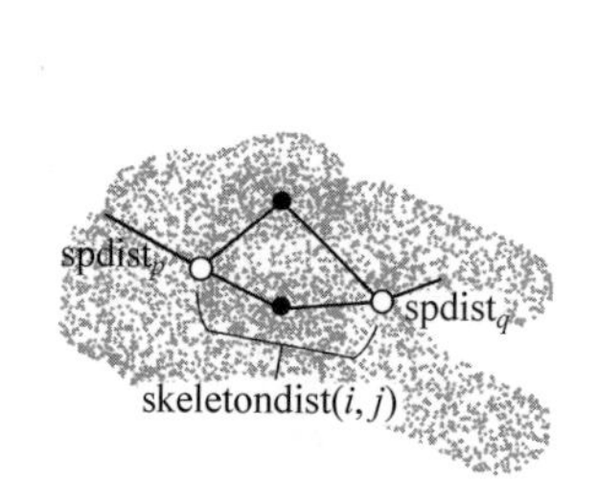

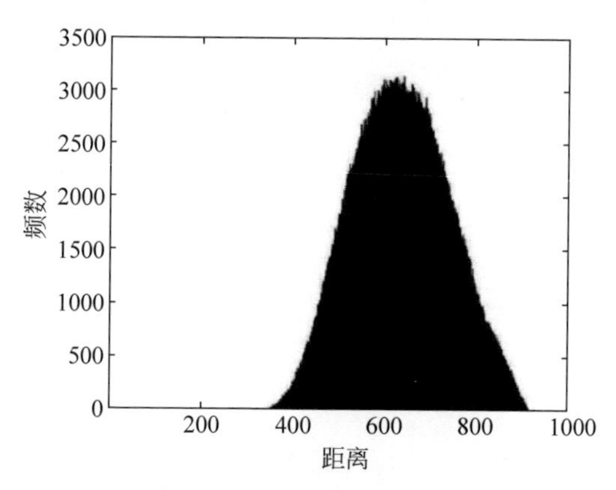

图 5-3　装配体广义形状距离信息统计结果

数 N 越多，统计结果就越接近真实模型的信息，但运算时间也与采样数目成正比。同理，划分区间个数 B 越多，直方图具有越高的分辨率，但也增加了存储的空间和比较分析所需要的时间。在本书中权衡精度与效率，选择采样数 $N=10^6$，并将采样结果放入 $B=1024$ 个等距离的区间中，用来表达直方图信息。

通过以上方法，可以得到装配体 AM 中的广义形状描述符。在实际应用中，该描述符可以通过存储零件矩阵的直方图频数实现装配体模型的量化描述，具有占用存储空间少、在检索操作中调用快速的优点。

5.3　装配体整体结构相似性分析

装配体整体相似性的计算可以用于设计过程中检索相似的产品数字化装配体，获取现有相似装配体的设计、工艺信息，通过重用相关设计知识可以有效提高产品设计的效率与质量。为了分析装配体整体相似性，本节给出一种针对装配体广义形状信息描述符 GD 的相似性计算方法。首先基于装配体广义形状描述符，构建零件广义形状序列作为分析方法中的对比单元；然后基于最优子序列算法对不同装配体间的零件广义形状序列进行匹配系数计算，得到装配体间所有零件的匹配系数，为相似性评价提供依据；最后，将所有零件间的匹配系数进行最优化计算，得到两个装配体的相似性评价值。

5.3.1　零件广义形状序列构建

零件是装配体中的基本组成部分，为便于后续装配体相似性的计算，基于装配体广义形状描述符将零件信息表示为广义形状序列，并给出如下定义：

定义 5-4　零件广义形状序列是基于骨架的广义形状描述符 GD 的零件信息描述序列，由零件 PM_i 与装配体中其他零件的广义形状信息统计函数组成，即

$$gs_i=(GD(i,1),GD(i,2),\cdots,GD(i,n)) \tag{5-8}$$

在广义形状序列构建过程中，零件序列中元素的排序对广义形状信息的表达有一定影响。因此，给出零件序列 gs 的排序规则，可以使相似程度计算准确度更高，也可以提高分析方法的自动化程度。从装配体空间结构关系的角度进行考虑，零件间的装配关系是构成装配体结构的重要组成部分之一。综合之前计算装配体骨架路径的计算，可采用最短路径经过次数来决定装配体骨架序列的顺序。对于中心零件，其最短路径经过次数较多，边缘零件最短路径经过次数较少，因此可从装配体结构的角度对零件序列进行排序。零件序列gs_i 的排序过程如下：

步骤 1：由排列组合可知，零件数目为 n 的空间连接骨架中可产生的 C_n^2 个零件之间的最短路径 l，将其表示如下：

$$l_i = \{sp_{i1}, sp_{i2}, \cdots, sp_{i\text{end}}\} \quad (i \leqslant C_n^2) \tag{5-9}$$

式中：l_i 表示装配体中第 i 条最短路径经过的骨架点是 sp 集合；sp_{i1} 表示该条最短路径的起点；$sp_{i\text{end}}$ 表示该条最短路径的终点。

步骤 2：对所有最短路径的节点集合进行并集运算，得到最短路径中骨架节点出现次数集合 U：

$$U = \bigcup_{i=1}^{C_n^2} l_i \tag{5-10}$$

步骤 3：根据 U 中节点次数的多少决定在零件广义形状序列gs_i 中的序号，由序号重新调节零件广义形状序列gs_i 中的元素。

如图 5-1 所示的装配体模型包含 7 个零件，共产生 $C_7^2=21$ 个最短路径，统计从 1 号零件到 7 号零件在最短路径中出现的次数，分别为{6,11,14,15,14,11,6}。即位于中间位置的零件更靠近中心位置，于是调整后的gs_i 的序号为

$$gs_i = (GD(1,4), GD(1,3), GD(1,5), GD(1,2), GD(1,6), GD(1,1), GD(1,7)) \tag{5-11}$$

通过上述次序调整，可以解决由于零件编号而对模型描述产生不一致的问题。对于具有 n 个零件的装配体 AM 具有 n 个广义形状序列，序列集合 $\{gs_1, gs_2, \cdots, gs_n\}$代表着装配体 AM 的相似性对比信息。在装配体 AM 中，零件模型PM_1 的广义形状序列即其在装配体描述符 GD 中所在列/行元素所组成的序列，如图 5-4 所示。

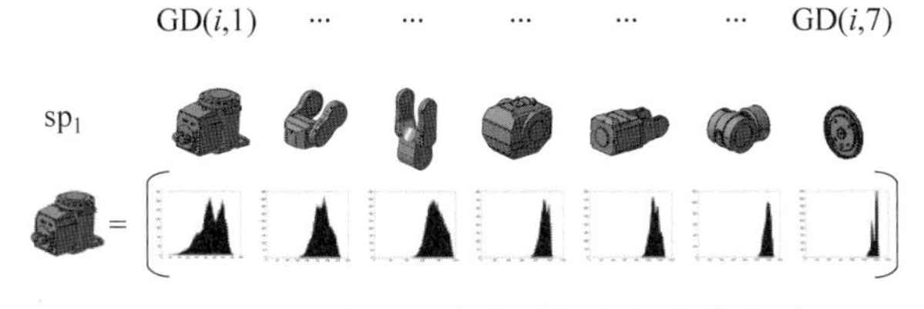

图 5-4　PM_1 在 AM 中的零件广义形状序列

零件广义形状序列由直方图组成，由于不同尺寸的装配体其组成零件的型号、尺寸，以及装配工艺等信息都不相同，且在比较装配体相似性时需要对不同尺寸的装配体信息进行区分，在对零件广义形状序列gs_i进行比较前需要对直方图进行归一化处理。用于直方图比较的归一化方法需满足如下两个条件：①计算结果应与元素距离呈正相关关系；②不同元素间的计算结果应统一于相同范围内。

综合以上考虑，采用目标装配体和检索装配体中最大尺寸零件作为归一化标准，将装配体中序列元素进行归一化，使直方图的区间变为0～1，区间长度为1/1024。

采用上述方法，可有效将装配体纳入统一的尺度空间中进行比较，不同尺度的装配体描述符的直方图范围不同，在后续比较中即可避免相同类别不同尺度装配体造成“存伪”错误。

5.3.2 零件广义形状序列匹配

在建立广义形状序列的基础上，可利用已有的序列匹配算法进行装配体相似性分析，例如FRM算法[7]、Dual Match算法[8]等。对装配体零件广义形状序列gs进行匹配之前，需要考虑以下两个问题：一方面，不同装配体包含零件数目不同，导致装配体描述符GD阶数不同，零件信息序列gs长度不同；另一方面，装配体中可能存在少量零件处于孤立状态或者装配关系较少，此类零件在零件广义形状序列匹配中将产生较大的差异性结果。

针对以上问题，在已有的序列匹配算法中可以发现Latecki提出的最优子序列双射(optimal subsequence bijection，OSB)[9]可以处理两个不等长序列之间的匹配问题，不仅可以跳出源序列中的点，还可以跳出目标序列中的点以实现弹性匹配，在图像相似性评价方面取得了较好的匹配效率与准确率。因此，本节将在零件广义形状序列的基础上，利用最优子序列算法对两个来自不同装配体的零件所对应的序列进行比较计算。

在OSB算法的计算过程中，假设匹配关系为f，即通过映射关系f，使pa_i与$pb_{f(i)}$匹配，并将匹配距离与跳跃惩罚值定义如下：

定义5-5 匹配距离Pd用于计算整体序列在匹配关系f下，通过对两个序列中的元素pa_i与$pb_{f(i)}$所含信息进行比较描述两个元素间的距离。

对于元素为直方图的序列，采用基于累计分布函数的$p=2$的闵可夫斯基距离(Minkowski distance)计算元素间的距离。

$$\mathrm{Pd}(pa_i, pb_j) = \sqrt{\sum_{k=1}^{n}(pa_i(k) - pb_j(k))^2} \tag{5-12}$$

由于在零件广义形状序列中元素以直方图形式存在，元素间的匹配距离需要通过直方图的比较方法得到距离衡量结果。直方图比较方法十分成熟，对于序列直方图元素比较计算方法主要考虑两个方面：①计算结果应与元素距离呈正相关关系；②不同元素间计算结果应统一于相同范围内。

综合以上考虑，本文采用累计分布函数（cumulative distribution function，CDF）表示元素属性来计算零件广义形状序列，CDF是 X 轴单调递增函数，具有更加平滑、图像中噪声更小、没有引入带宽等外部概念等特点，能够减少数据信息的压缩和丢失。对于累积分布函数，给定的数据集具有唯一性。此外，累积分布函数一般都已经过归一化处理，单调递增且趋近于1，从而保证了元素间距离有一定界限。在CDF基础上采用闵氏距离来比较直方图元素间的匹配距离，将直方图的CDF通过分段线性函数方法构成 $V=64$ 段的分段线性函数，然后采用 $p=2$ 的闵氏距离计算方法，得到序列元素 pa_i 与 $\mathrm{pb}_{f(i)}$ 的距离Pd。

定义5-6　跳跃惩罚值Jc是为了源序列 pa_i 在匹配过程中跳过过多目标序列pb中的元素对两个序列的匹配值而设置的惩罚参数，由两个序列值共同决定：

$$\mathrm{Jc}(\mathrm{pa},\mathrm{pb})=\mathrm{mean}_i(\min_j(\mathrm{Pd}(\mathrm{pa}_i,\mathrm{pb}_j)))+\mathrm{std}_i(\min_j(\mathrm{Pd}(\mathrm{pa}_i,\mathrm{pb}_j)))\tag{5-13}$$

式中：mean表示平均值计算函数；std表示标准差计算函数；min表示最小值计算函数。

两个序列的跳跃惩罚值Jc就是两个序列平均值与标准差的和，其意义在于筛选出pa中不匹配的异常点，而且有效控制假设源序列pa中在匹配中跳过pb的个数。假设pa中存在一个不匹配的异常元素 pa_k，而对于源序列中的其他元素 pa_i $(i\neq k)$ 的元素距离 $\mathrm{Pd}(\mathrm{pa}_i,\mathrm{pb}_j)$ 较小，由序列间的平均值和标准差得到的跳跃惩罚值Jc(pa,pb)较小，而异常元素 pa_k 到其他pb中各个元素的距离较大，因此 pa_k 匹配至 pb_∞ 即跳过不匹配元素 pa_k。

根据以上的定义可以构建有向无环图（directed acyclic graph，DAG），并通过DAG的最短路径来计算两个序列的最短距离，用以衡量两个序列的相似程度。构建DAG的距离矩阵 $\boldsymbol{v}$ 计算方法如下：

$$\boldsymbol{v}((i,j),(k,l))=\begin{cases}\sqrt{(k-i-1)^2+(l-j-1)^2}\cdot\mathrm{jumpcost}+\mathrm{Pd}(\mathrm{pa}_k,\mathrm{pb}_l), & (i<k,j<l)\\ \infty, & 其他\end{cases}\tag{5-14}$$

式中：(i,j) 表示 pa_i 与 pb_j 是序列中的当前匹配对；(k,l) 表示 pa_k 与 pb_l 是下一个匹配对；$\boldsymbol{v}((i,j),(k,l))$ 表示在 pa_i 与 pb_j 分别跳过 $k-i-1$ 和 $l-j-1$ 个元素的惩罚值jumpcost以及下一个匹配对之间的距离 $d(\mathrm{pa}_k,\mathrm{pb}_l)$ 的和。

DAG距离矩阵 $\boldsymbol{v}$ 的全局最短路径 $\mathrm{ps}=\mathrm{shortestpath}(v(\mathrm{pa},\mathrm{pb}))$ 表示以 $(\mathrm{pa}_1,\mathrm{pb}_1)$ 为起点，到达DAG中最后一个元素 $(\mathrm{pa}_{n'},\mathrm{pb}_{m'})$ 的所有非异常元素的匹配距离之和。其中，n' 与 m' 不一定等于 n 和 m，因为可能各自序列中最后的元素不符合匹配。本节以ps作为最终衡量两个序列pa与pb的匹配程度的指标，ps值越小表示两个序列的匹配程度越高。

下面结合两个机器人模型中的零件序列gs_1与gs_2，阐述最优子序列双射算法实现的流程。在两个分别由 7 个零件组成的机器人装配模型中，以基座零件为研究对象，提取模型描述符中对应的行/列元素，通过零件序列排序规则，重新排列特征序列。经过重新排序后的特征序列如图 5-5 所示：

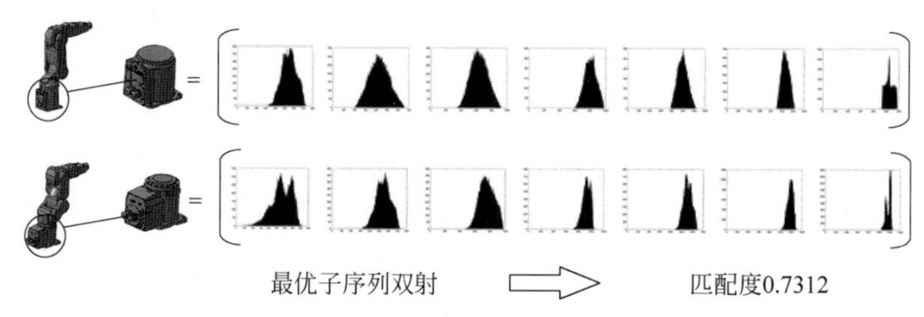

图 5-5　两个机器人模型中零件广义形状序列的最优子序列匹配值

在计算两个机器人模型中零件的最优子序列过程中可以发现，装配体越相似，两组序列间的差异越小，计算得出的最优子序列匹配值越小、匹配程度越高。

5.3.3　基于最优匹配的装配体整体相似性度量

从最优子序列的定义中可以发现，使用$ps(gs_i, gs_j)$衡量两个装配体时有一定局限：一方面，最优子序列在匹配序列过程中，默认将两个序列的第一个元素匹配；另一方面，可能由于一对元素的匹配错误导致后面序列的整体匹配错误。为了解决这两方面的不足，以任意两个装配体内零件作为匹配序列的首个元素，建立装配相似性矩阵(assembly similarity matrix，ASM)[10]，再采用匈牙利算法得到零件间匹配的最优情况。假设装配体AM_1与AM_2分别有 n 与 m 个零件，广义形状描述符GD_1与GD_2包含零件序列为 gs_{1i} 与 gs_{2j}，构建装配相似性矩阵 **ASM** 表示如下：

$$\mathbf{ASM}=\begin{pmatrix} ps(gs_{11}, gs_{21}) & ps(gs_{11}, gs_{22}) & \cdots & ps(gs_{11}, gs_{2m}) \\ ps(gs_{12}, gs_{21}) & ps(gs_{12}, gs_{22}) & \cdots & ps(gs_{12}, gs_{2m}) \\ \vdots & \vdots & & \vdots \\ ps(gs_{1n}, gs_{21}) & ps(gs_{1n}, gs_{22}) & \cdots & ps(gs_{1n}, gs_{2m}) \end{pmatrix} \tag{5-15}$$

式中：ps 表示最优子序列双射算法对零件序列间距离的计算，对两个装配体所有零件序列间进行序列距离计算得到整体装配相似性矩阵 **ASM**。

与此同时，本章利用零件匹配矩阵 $\boldsymbol{h}_{n\times m}$ 来辅助计算装配体相似性。通过约束零件匹配矩阵 $\boldsymbol{h}_{n\times m}$，可以建立用于计算装配体总体匹配距离 AD 的装配体最优匹配模型：

$$\text{target:}\quad AD=\min\sum_{\substack{i=1,2\cdots n\\ j=1,2\cdots m}}(ASM(i,j)\cdot h(i,j))$$

$$
\text{s. t.}\begin{cases} h(i,j)=\begin{cases}0, & \text{表示 } i,j \text{ 零件不匹配} \\ 1, & \text{表示 } i,j \text{ 零件匹配}\end{cases} \\ \sum\limits_{\substack{i=1,2\cdots n \\ j=1,2\cdots m}} h(i,j)=\min(n,m) \\ \sum\limits_{i=1,2\cdots n} h(i,j)\leqslant 1 \\ \sum\limits_{j=1,2\cdots m} h(i,j)\leqslant 1 \end{cases} \tag{5-16}
$$

式中：$h(i,j)$表示装配体间的零件匹配关系；$\sum\limits_{\substack{i=1,2\cdots n \\ j=1,2\cdots m}} h(i,j)=\min(n,m)$ 表示零件匹配数为装配体中具有较少零件的个数；$\sum\limits_{i=1,2\cdots n} h(i,j)\leqslant 1$ 和 $\sum\limits_{j=1,2\cdots m} h(i,j)\leqslant 1$ 表示一个零件具有匹配唯一性，不能一对多匹配；

上述目标函数表示了匹配矩阵 $\boldsymbol{h}$ 约束下总体匹配距离的最小值。需要注意的是，这里得到的是装配体的总体匹配距离 AD。由于装配体比较对象中包含的零件个数各异，零件数量多的装配体序列较长，在比较过程中往往要比零件少的装配体得出更大的匹配距离。而装配相似性矩阵 **ASM** 中取得匹配的零件数目，是两个装配体中零件较少的个数。因此，可以将相似性比较之中包含零件少的装配体的零件数目作为分母，计算装配体之间的平均匹配距离 $\overline{\mathrm{AD}}$，作为装配体相似性的最终衡量标准。计算装配体平均匹配距离 $\overline{\mathrm{AD}}$ 的公式如下：

$$
\overline{\mathrm{AD}}=\frac{\mathrm{AD}}{\min(n,m)} \tag{5-17}
$$

式中：n 和 m 表示两个装配体所包含的零件个数。

5.4　装配体局部结构相似性分析

分析装配体检索技术现状可以看出，局部结构检索在设计重用中有着重要的实际意义。由于局部结构检索的目的是找到包含检索对象的其他装配体，因此其相似性计算与全局信息比较的整体相似性计算不同，更加侧重于零件连接关系的匹配。这种计算思路符合同构子图搜索的概念，其可以在空间连接骨架和装配体广义形状描述符的基础上，进一步构建广义属性连接图，将局部结构相似性分析问题转化为同构子图的相似性分析。

围绕上述思路，首先根据装配体空间连接骨架定义一种广义属性连接图；然后，对装配体对应的广义属性连接图进行同构子图搜索，找出满足一定相似程度的子图；最后，建立子图的相似性比较方法，从装配体模型库中获取具有局部结构相似性的装配体。

5.4.1 装配体广义属性连接图构建

在装配体广义形状信息描述符的基础上，可给出广义属性连接图（generic attribute adjacency graph，G-AAG）的定义：

定义 5-7 广义属性连接图包含节点、配合关系以及连接属性三类信息，可以表示为

$$G-AAG=\{V,E,A(E)\} \tag{5-18}$$

式中：$V=\{V_1,V_2,\cdots,V_n\}$表示图中节点的集合，节点 V_i 代表装配体中编号为 i 的零件PM_i；$E=\{E_1,E_2,\cdots,E_m\}$表示图的连接边集合，$E_j=(V_{i_1},V_{i_2})$表示零件PM_{i_1} 与PM_{i_2} 相互配合；$A(E)=\{A(E_1),A(E_2),\cdots,A(E_m)\}$表示属性图中连接边 E 的属性集合。在 G-AAG 中，当 $E_j=(V_{i_1},V_{i_2})$时，连接边 E 的属性表示 $A(E)$两个零件间的广义形状分布函数信息，即 $A(E_j)=GD(i_1,i_2)$。

广义属性连接图包含了广义形状信息，可用于后续基于同构子图发掘的局部结构检索。以座阀模型为例，其广义属性连接图如图所示，其属性图节点 V 表示零件，边 E 表示零件间连接关系信息，边属性 $A(E)$表示广义形状信息，如图 5-6 所示。

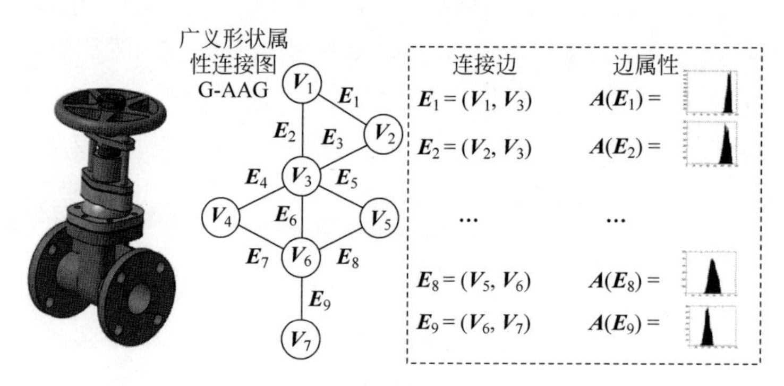

图 5-6 座阀模型的 G-AAG 示例

5.4.2 装配体的局部结构匹配

为了在模型库中找到与检索对象相似的装配体对象，可将问题转换为在 G-AAG 中找到相似子图。在子图比较领域中，Ullmann 算法[11] 由于计算速度相对较快而广泛应用于装配体的局部结构比较。传统的 Ullmann 算法应用于无权重边的子图搜索，深度优先算法，在装配体零件增多的情况下时间复杂度较高。因此，针对装配体 G-AAG 的特点，基于 Ullmann 算法建立匹配过程中的剪枝优化方法，通过对边属性进行比较判断实现计算过程的剪枝，从而提升算法效率。

对于 $G=(V,E)$与 $G'=(V',E')$，两个图中的节点数量分别是 p 和 p'。图数据一般可表示为矩阵形式，具体可见 4.2.2 节，因此可假设两个图的邻接矩阵分别为 $\boldsymbol{A}=[a_{i,j}]$和 $\boldsymbol{A}'=[a'_{i,j}]$。在经典 Ullmann 算法中，为了表示模型库对象和检索对象

间的对应关系，需要定义 $p\times p'$ 的 0-1 矩阵 $\boldsymbol{M}'$，并规定 $\boldsymbol{M}'$ 中每行仅有一个“1”元素，每列不超过一个“1”元素。矩阵 $\boldsymbol{M}'$ 通过改变行和列的值来表达回溯过程中的节点对应关系。通过矩阵 $\boldsymbol{M}'$ 和邻接矩阵 $\boldsymbol{A}'$，即可以得到矩阵 $\boldsymbol{C}$ 的计算公式：

$$\boldsymbol{C}=[c_{i,j}]=\boldsymbol{M}'(\boldsymbol{M}'\boldsymbol{A}')^{\mathrm{T}} \tag{5-19}$$

对于矩阵 $\boldsymbol{M}'$ 和 $\boldsymbol{C}$ 中任意一个相同位置的元素 $a_{i,j}$ 和 $c_{i,j}$，如果 $a_{i,j}=1\Rightarrow c_{i,j}=1$，那么 $\boldsymbol{M}'$ 就表示一个关于 G 与 G' 的子图间的同构关系。$\boldsymbol{M}'$ 中元素 $m'_{i,j}=1$ 表示在此同构关系中，$\boldsymbol{G}$ 中的第 i 个节点与 G' 中的第 j 个节点具有同构映射关系。

由于深度优先搜索算法是一种枚举算法，在初始状态下对搜索进行剪枝能够大幅减少计算所需的时间。Ullmann 在搜索算法的开始，建立了一个与 $\boldsymbol{M}'$ 相同结构的 $p\times p'$ 个元素的矩阵：

$$\boldsymbol{M}^0=[m_{i,j}^0] \tag{5-20}$$

式中：$m_{i,j}^0$ 为指示函数，$m_{i,j}^0=1$ 时表示 G' 中第 j 个节点的度不小于 $\boldsymbol{G}$ 中第 i 个节点的度。

实际上，当可以确定 G' 的第 j 个节点与 G 中第 i 个节点在任何一个具有同构性的子图中都不可能具有对应关系时，可以直接令 $m_{i,j}^0=0$，从而实现搜索算法的剪枝，提高搜索效率。具体应用到本节中的装配体局部结构相似性匹配中时，由于 G-AAG 中的边属性是由广义形状分布直方图组成的，在子图匹配过程中需要对两个广义形状分布直方图间的相似性进行分析。依据上文所用的方法，此处采用累计分布函数表示直方图分布，并采用闵氏距离作为 G-AAG 中边属性之间是否匹配的评价标准。当两个直方图差异较大时，可认为两个连接关系匹配的概率很低；当两个直方图差异较小时，可以认为两个连接关系具有较高的匹配概率。因此在算法运行过程中可针对以下情况进行快速剪枝：若 $\boldsymbol{G}$ 中第 i 个节点与 G' 中第 j 个节点具有对应关系，那么对于 $\boldsymbol{G}$ 中任何与 i 相连的节点 x，都能在 G' 中找到与 j 相连的 y 节点，使其边属性的闵氏距离小于阈值。本节中所提出的改进 Ullmann 算法主要步骤如下：

步骤 1：输入检索对象模型库对象所对应的广义属性连接图 $G=(V,E)$ 和 $G'=(V',E')$；

步骤 2：初始化矩阵 $\boldsymbol{M}^0$；

步骤 3：$\boldsymbol{M}:=\boldsymbol{M}^0$；$d:=d+1$；$H_1:=0$；对于所有的 $i:=1,\cdots,p$，令 $F_i:=0$；若 M 不满足继续搜索条件，令当前节点为叶子节点；

步骤 4：如果没有 j 使 $m_{dj}=1$ 且 $F_j=0$，那么转到步骤 7；$M_d:=M$；如果 $d=1$，那么 $k:=H_1$，否则 $k:=0$；

步骤 5：$k:=k+1$；如果 $m_{dk}=0$ 或者 $F_k=1$，则重复步骤 3；对于所有 $j\neq k$ 令 $m_{dj}:=0$；若 M 不满足继续搜索条件，令当前节点为叶子节点；

步骤 6：如果 $d<p$，那么转到步骤 7，否则说明已找到满足同构子图条件的子图结构，此时的 M 表示子图间的对应关系，$M'=M$ 输出结果；

步骤 7：如果没有 $j>k$ 使 $m_{dj}=1$ 且 $F_j=0$，那么转到步骤 8；$M:=M_d$；转到步骤 4；

步骤 8：$H_d:=k$；$F_k:=1$；$d:=d+1$；转到步骤 3；

步骤 9：如果 $d=1$，那么搜索算法达到叶子端点，$F_k:=0$；$d:=d-1$；$M:=M_d$，$k:=H_d$；转到步骤 6；

步骤 10：输出所有子图结构 $G_1',G_2',\cdots,G_n'$ 以及节点对应的矩阵 $\boldsymbol{M}'$。

通过 Ullmann 算法能够在模型库中找到所有与检索对象 $\boldsymbol{G}$ 具有同构性质的子图。为了对局部结构的相似程度进行比较，需要计算同构子图中节点在最优匹配情况下的差异值。以手轮组件为检索对象，在座阀模型中查找与手轮模型具有相似性的局部结构，该局部检索过程如图 5-7 所示：

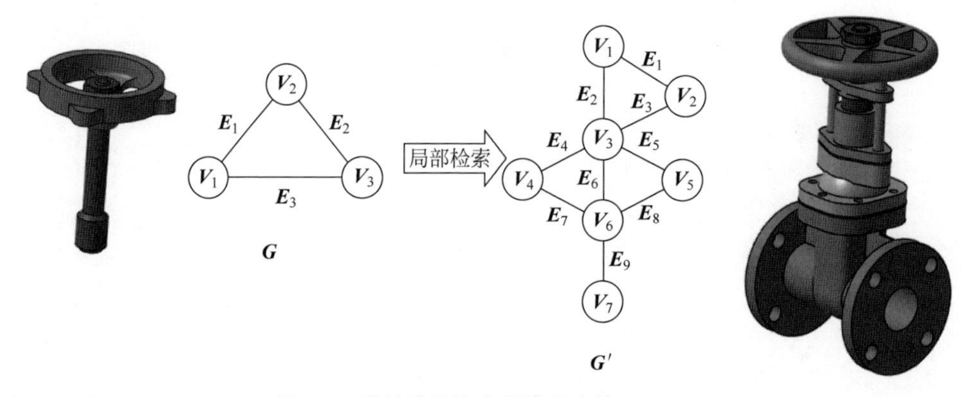

图 5-7　手轮结构在座阀模型中的 G-AAG

将两个 G-AAG 输入至针对 G-AAG 剪枝优化的 Ullmann 算法中。首先，根据式(5-20)确定 $\boldsymbol{M}^0$ 的组成；然后根据 $\boldsymbol{M}^0$，进行算法步骤 2 之后的搜索过程，在此不过多赘述。最终得到检索结果如图 5-8 所示。

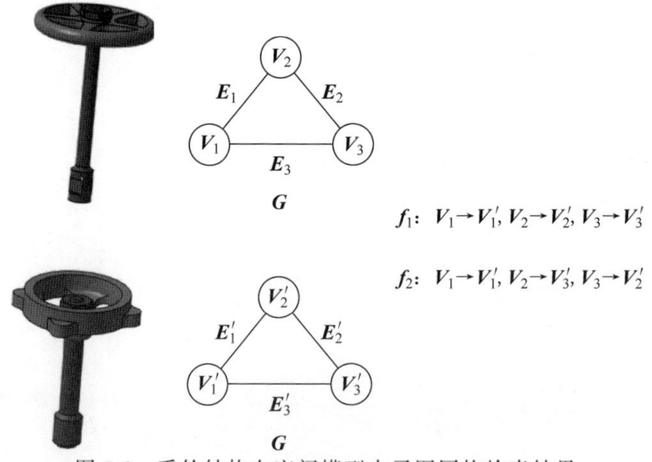

图 5-8　手轮结构在座阀模型中子图同构检索结果

如图 5-8 所示，在装配体座阀中，满足于手轮结构 $\boldsymbol{M}^0$ 条件的同构子图有两个，它们虽然组成相同但其零件对应关系不同。如果在检索对象中具有与目标对象同构的子图结构，那么同构子图数目很可能不止一个，这是由于节点间的对应关系仍未确定所致。因此需要对相似性进行评价，找到匹配程度最高的子图对应关系。

5.4.3 装配体的局部结构相似性度量

通过 5.4.2 节提出的针对 G-AAG 剪枝优化的 Ullmann 子图搜索算法，可在所有模型库对象 G' 中找到与查询对象 G 具有同构性质的子图，但同构子图与检索对象之间的对应关系还未确定。为了得到装配体的局部结构与检索对象的相似性评价，还需要计算这些子图间的相似性，得到最优相似性结果，以此衡量两个装配体间局部结构的相似程度。

由 Ullmann 算法得到的同构子图与模型库对象的 G-AAG 在结构上完全相同，区别仅在于由 $\boldsymbol{M}'$ 矩阵代表的节点对应关系。因此，计算所有装配体中同构子图与检索对象的相似性得出闵氏最小匹配距离，即可作为装配体同构子图的相似性评价结果。

通过基于 Ullmann 子图同构的局部结构检索算法，得到了 n 个与检索对象同构的子图：$G_1', G_2', \cdots, G_n'$。根据矩阵 $\boldsymbol{M}'$ 的对应关系，在所有 n 个同构子图中得到所有对应边的总体闵氏距离最小值，并将其相似性分析结果表示如下：

$$\mathrm{PD} = \min_{i=1,2\cdots n} \sum_{j=1,2\cdots p} \mathrm{Pd}(A(E(j)), A'(E'(f_i(j)))) \tag{5-21}$$

式中：PD 表示检索装配体中与检索对象同构的子图相似关系，值越小二者越相似；$A(E)$ 与 $A'(E')$ 表示检索对象 G 与模型库对象 G' 中边的属性值；m' 表示 G 与 G' 的对应关系；p 表示同构图中边的数量。

5.5 实例分析

为了验证上述所提方法的有效性，本节整理了若干组常见且具有代表性的装配体实例。实例构成的模型库包含 104 个装配体模型，由 1265 个零件模型组成，来源于 linkable 免费模型共享网站[12]。

5.5.1 装配体整体相似性分析实例

本节通过 5 组不同类别的装配体模型来验证装配体整体检索方法。如图 5-9 所示，在各组实例中，目标装配体位于左列，右列为从模型库中检索获取的相似程度高的装配体模型（按照匹配距离升序排列）。

从上述实验可以看出，检索结果基本符合主观判定。从实例组 1 的检索结果中可以发现，与目标装配体相比，4 号装配体的形状差异较大，5 号装配体的装配关

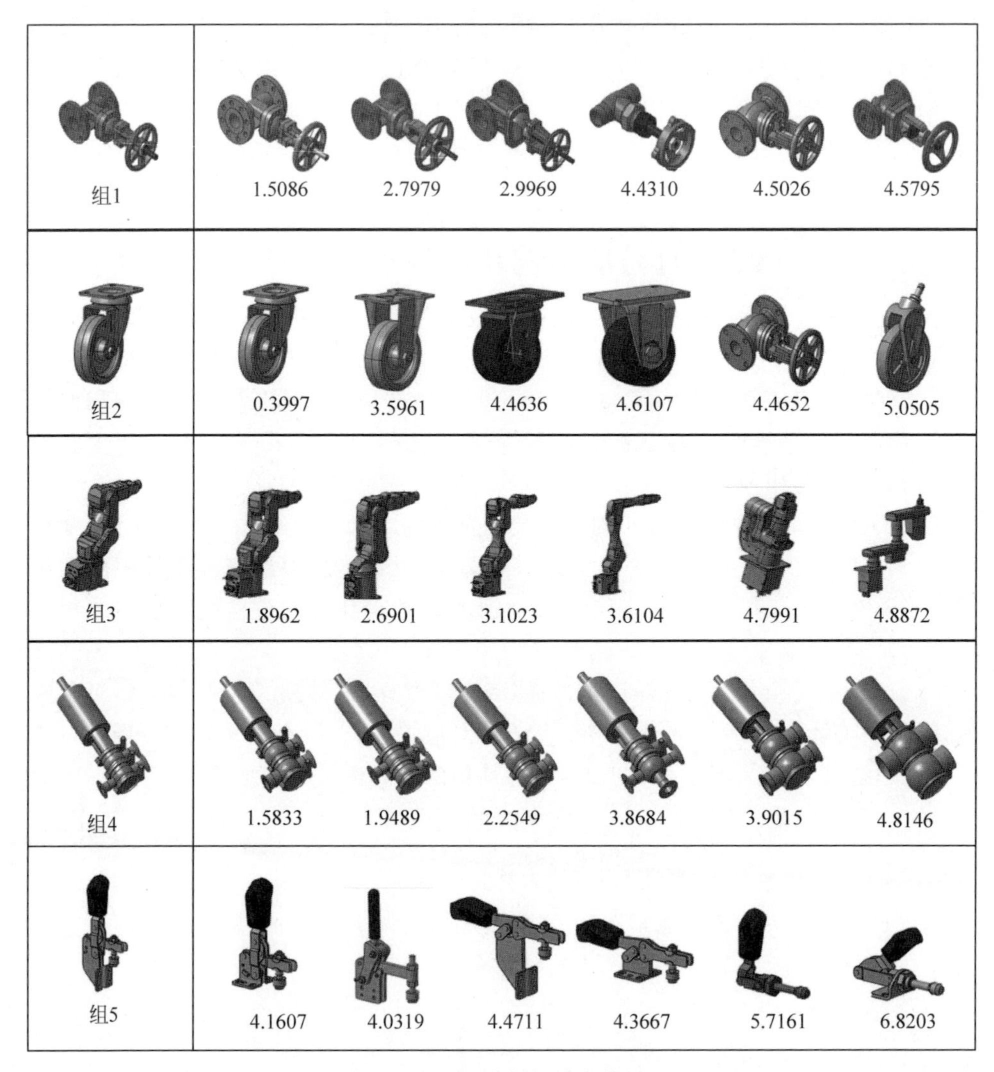

图 5-9　五组实例的检索结果

系差异较大,因而得到了较大的匹配距离值。与此同时,装配方式与形状信息对相似性计算结果均有一定程度的影响。在实例组 2 中,与目标装配体最为相似的是删除一个壳零件的目标装配体副本,由于该零件对骨架没有影响且对形状影响也很小,两者得到的相似性较高。

5.5.2　装配体局部结构相似性分析实例

在局部结构相似性分析实例中,第 1 组以#1 手轮结构为检索对象,设置检索阈值为 1,利用 5.4 节所述方法在模型库中进行局部检索,得到相似性排序前三的装配体如图 5-10 所示。局部相似性计算结果分别为 0,1.4844,2.1831。由于#1

手轮取自＃1′座阀,局部结构完全一致,相似性计算结果为0。

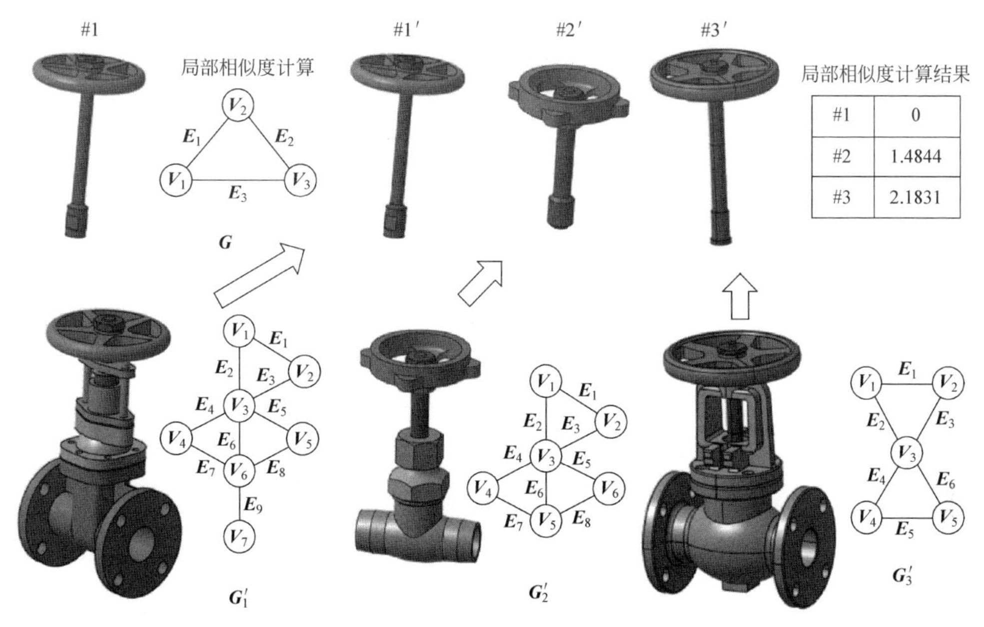

#1	0
#2	1.4844
#3	2.1831

图5-10　手轮结构的局部结构相似性分析结果

在第2组实验中,以＃1底座结构为检索对象,设置检索阈值为1,得到检索结果排序前三的装配体如图5-11所示。局部相似性计算结果分别为1.4348,0.2173,0。由于＃1底座取自＃3′机器人,局部结构完全一致,相似性计算结果为0。

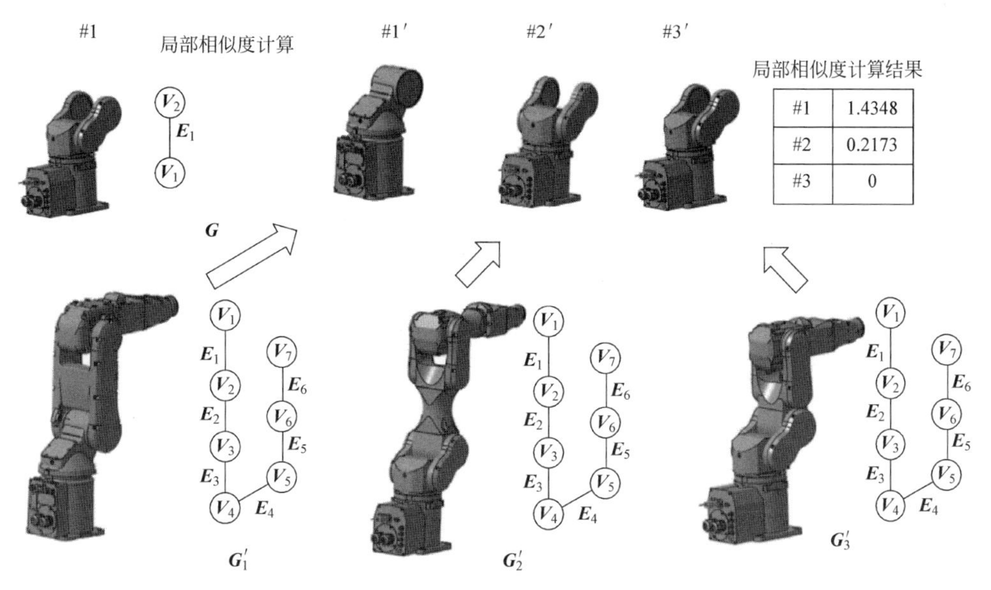

#1	1.4348
#2	0.2173
#3	0

图5-11　机器人底座结构的局部结构相似性分析结果

5.5.3 检索结果分析

讨论1 模型整体检索准确率与效率

在实验中，实验对象分别是座阀、轮轴、机器人、阀门和开关，检索对象模型的形状与配合关系不尽相同。观察实验结果发现，使用基于空间连接骨架的装配体描述符方法得到的每组检索结果都是与检索对象类型相同、形状与连接功能相似的装配体，检索结果基本符合工程人员的期望，检索准确度较高。

在各组检索结果中，可以发现形状与配合关系对检索结果都具有一定的影响。说明基于空间连接骨架的广义形状描述符可以衡量形状与配合关系的不同。对于轮轴组的实验结果，装配体相似性排序只有5个轮子，检索结果前四的是其余4个轮子，因此检索结果比较准确。

以相同装配体为检索对象，通过改变检索模型库规模，观察检索过程所需时间如图5-12所示。

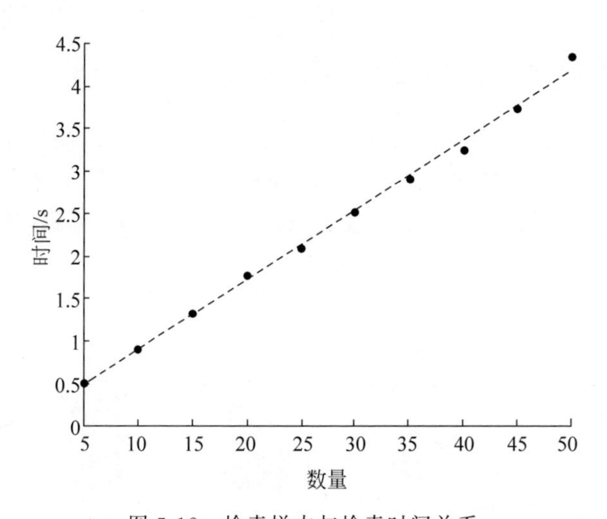

图5-12　检索样本与检索时间关系

通过观察，检索所需的时间与被检索装配体数量呈线性关系，完成50个装配体的检索所需时间为4.47s。考虑算法还有进一步优化的可能，效率方面还有进一步提升的空间。

讨论2 采样点数N对相似性计算结果的影响

采样点数N作为三维模型转换描述符的第一步，对三维模型信息的表达起着决定性的作用。将机器人模型作为研究对象，观察采样数目从$N=10\ 000$到$N=1\ 000\ 000$时，装配体与自身的相似性比较结果。

从图 5-13 可以看出，随着 N 的增大，装配体与自身的相似性越来越接近于 0，即接近理想结果。但 N 的增大虽然不会增加相似性分析计算所用的时间，却会耗费存储空间，增加模型检索数据库的规模，增加检索的成本。综合精度与空间的需求，本实验中的模型均采用 $N=1\ 000\ 000$ 进行采样。

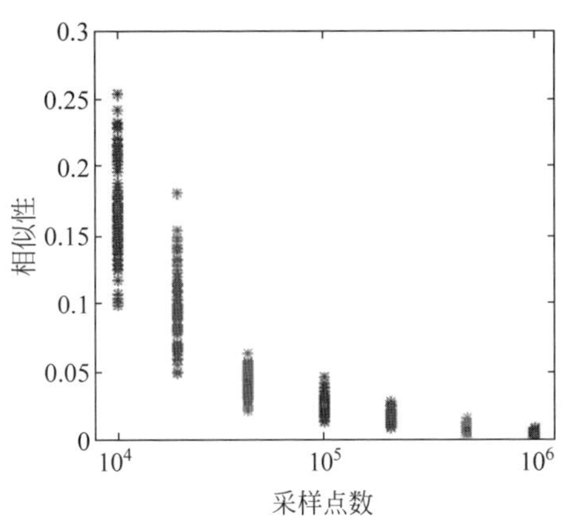

图 5-13　采样数量与本身相似性关系

讨论 3　广义形状描述符对装配体不同姿态的描述

不同姿态，装配体描述方法的比较见表 5-1。一般来说，在模型库中没有标准去规范模型存储的姿态，因此所保存模型的姿态不尽相同。尝试采用整体的形状相似性描述方法绘制零件 D2 距离分布直方图，通过观察可以得出：对于同一个装配体，其不同姿态下的 D2 距离分布直方图有较大的差距。其主要原因是：装配体由零件通过一定的配合关系组合而成，而这些配合关系可能是运动副结构。因此，不同姿态装配体的整体形状差异导致描述结果差别较大。

表 5-1　不同姿态装配体描述方法比较

不同姿态下装配体	整体形状描述方法	装配体空间连接骨架	装配体广义形状描述符

基于空间连接骨架的装配体广义形状描述符考虑了配合关系特征，因此在装配体配合关系不变的情况下，对不同姿态下的模型可以得到一致的描述结果。对于同一组不同姿态装配体，进行基于广义形状的相似性计算，得到两者之间的相似性为 0.1201。与模型库中检索结果相比，姿态不同的装配体是与其本身最为相似的装配体。由此可以说明，使用广义形状评价方法不会对模型库中不同姿态的相似装配体造成检索遗漏。

讨论 4　广义形状描述符对不同装配关系的描述

如上文所述，零件间的配合关系是装配体模型所包含的重要信息之一，因此在检索过程中需要区分不同配合关系的装配体。

如果采用零件形状匹配的方法[1]，虽然有些装配体中零件配合关系不同，但是由于零件组成相同，检索结果非常相似。采用形状分布和 EMD 算法，对图 5-14 中座阀组中配合关系不同但零件组成相同的两个装配体进行计算，两者的相似性为 1.3421，检索结果与预期结果不同，不符合检索需求。

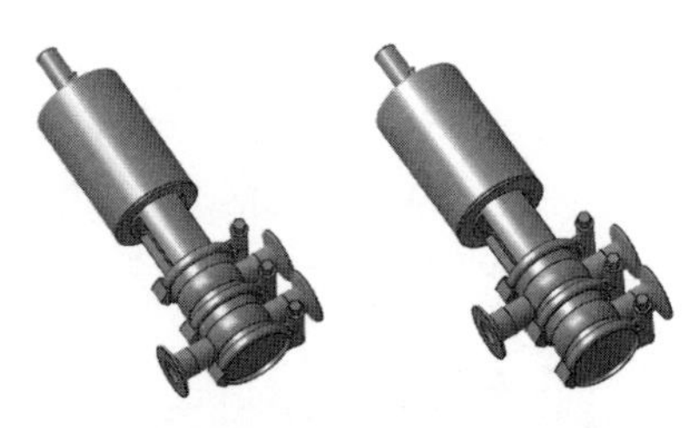

图 5-14　不同配合关系的装配体相似性分析

基于空间连接骨架的广义形状描述符不仅考虑了零件的形状信息，也考虑了零件间的配合关系特征。对于零件组成相同的装配体而言，由于其空间连接骨架不同，对应的检索描述符也不同，因此通过相似性差异可以区分该类装配体。在座阀组中，采用广义形状描述符对于图 5-14 中两个配合关系不同但零件组成相同的装配体进行计算，得到两者的相似性为 1.9489。在检索结果排序中显示为第 2 位，可以认为两者的相似程度较高，但不能认为其完全一致。因此在区分相同零件构成的装配体方面，本文提出的分析方法更符合检索需求。

讨论 5　针对 G-AAG 剪枝优化效果讨论

当没有进行针对 G-AAG 的算法优化时，其矩阵 $\boldsymbol{M}^0$ 组成如表 5-2 所示。采用针对 G-AAG 优化的 Ullmann 算法得到的 $\boldsymbol{M}^0$ 矩阵如表 5-3 所示。相较于基本 Ullmann 算法，按照矩阵 $\boldsymbol{M}^0$ 中 1 所占的个数来估算，剪枝数量达到 10/18，在零件复杂的装配体中其理论优化时间为 56%，优化效果较为明显。

表 5-2　基本 Ullmann 算法得到的 $\boldsymbol{M}^0$ 矩阵

G \ G'	V_1	V_2	V_3	V_4	V_5	V_6	V_7
V_1	1	1	1	1	1	1	0
V_2	1	1	1	1	1	1	0
V_3	1	1	1	1	1	1	0

表 5-3　针对 G-AAG 优化的 Ullmann 算法得到的 $\boldsymbol{M}^0$ 矩阵

G \ G'	V_1	V_2	V_3	V_4	V_5	V_6	V_7
V_1	1	1	0	0	0	0	0
V_2	1	1	1	0	0	0	0
V_3	0	1	1	0	0	0	0

参考文献

[1] HILAGA M,SHINAGAWA Y,KOMURA T,et al. Topology matching for fully automatic similarity estimation of 3D shapes[C]//Proceedings of the 28th annual conference on Computer graphics and interactive techniques[S. l. : s. n.],2001.

[2] SUNDAR H,SILVER D,GAGVANI N,et al. Skeleton based shape matching and retrieval [C]//International Conference on Shape Modeling and Applications[S. l. : s. n.],2003.

[3] KANG G. 3D Mesh Skeleton Extraction Based on Feature Points[C]//International Conference on Computer Engineering & Technology[S. l. : s. n.],2009.

[4] 吴艳花.三维模型骨架提取算法及其在检索中的应用[D].广州：中山大学,2013.

[5] SCHLEICH B,ANWER N,MATHIEU L,et al. Skin model shapes: A new paradigm shift for geometric variations modelling in mechanical engineering[J]. Computer Aided Design, 2014,50: 1-15.

[6] WEI D. An optimized floyd algorithm for the shortest path problem[J]. Journal of Networks,2010,5(12):1496-1504.

[7] FALOUTSOS C, RANGANATHAN M, MANOLOPOULOS Y. Fast subsequence matching in time-series databases[J]. ACM Sigmod Record,2000,23(2): 419-429.

[8] PAPAPETROU P,ATHITSOS V,POTAMIAS M,et,al. Embedding-based subsequence matching in time-series databases[J]. ACM Transactions on Database Systems,2011,36(3):1-39.

[9] LATECKI L J, WANG Q. Optimal subsequence bijection[C]//IEEE International Conference on Data Mining. Piscataway: IEEE Press,2007.

[10] BAI X,LATECKI L J. Path similarity skeleton graph matching[J]. IEEE Transactions on Pattern Analysis & Machine Intelligence,2008,30(7): 1282-1292.

[11] ULLMANN J R. An algorithm for subgraph isomorphism[J]. Journal of the Acm,1976. 23(1): 31-42.

[12] 三维CAD零部件在线模型库[EB/OL]. [2022-01-27]. https://linkable. partcommunity. com/3d-cad-models/.

第3篇 装配体通用结构发掘

以检索为支撑的模型信息发掘可以获取符合检索意图的可用信息,该类方法在实际应用过程中极大地依赖于产品研发人员对检索对象在功能、结构和工艺等方面的理解程度。面对模型所承载的信息种类、数量和来源越来越多的现实情况,根据输入端的检索需求来获取相似模型及其关联知识的工作难度将不断增加。特别是在检索意图不明确、用户输入模糊的情况下,获取的信息将有可能偏离用户的检索预期,部分查询结果隐含在大量外形尺寸完全不同的模型中,从而导致信息量冗余,增加了检索资源的消耗和信息重用的难度。因此,检索虽然存在广泛的工程应用背景,但其本身在某些特定场景下也存在一定的局限性。

从资源重用的角度分析发现,从企业或互联网平台的模型资源库发掘具有共性的结构单元,在设计之初就向设计者主动推送具有信息完整性和通用性的高质量重用资源,将会极大地提升新产品开发过程的模型重用水平。实际上,特定领域内具有共性的结构单元往往被认为是某类机械产品的"通用结构",是频繁出现的产品设计需求和经验的体现,反映了满足某种功能需求的设计知识。因此,在已有模型资源的基础上自动获取领域产品的通用结构,使模型设计资源典型化,已经成为产品开发各环节的一个迫切需求[1-2]。与检索相比,若企业提炼了典型资源库,则设计人员在开发不同功能的产品时,可以直接利用标准接口从库中选取具有信息完整性的通用结构,从而极大地提高了研制的效率。

本篇提出的通用结构发掘以模型资源库为对象,利用模型信息量化和比较方法从库中获取不同粒度的通用结构单元。本篇内容以模型间拓扑连接结构的相似性比较为依托,从零件属性信息和配合特征信息的角度开展装配体通用结构挖掘的技术研究。其中,第6章在装配体属性连接图的基础上根据连接关系构建了装配体属性连接图,通过聚类属性相似性分析结构的相似程度,根据频繁子图算法查找装配体模型之间的通用结构;第7章利用量化描述的配合特征的几何信息和拓扑信息,在属性连接图的基础上构建广义面邻接图,从配合特征的角度比较装配体的相似性,并利用图同构的方法对装配体模型进行相同结构的挖掘。

第6章

基于属性连接图的装配体通用结构发掘

6.1 引言

在已有的模型资源库中，利用模型个体之间在几何或非几何信息方面的相似性，可以发掘不同粒度的通用结构单元，而考虑信息内容的不同则会产生不同的发掘结果。通常，装配体内部零件的形状、拓扑关联和语义类信息是需要考虑的主要内容，而图模型能够很好地满足这种需求[3]。例如，可将装配体中的零件表示为图中的节点，将零件之间的连接关系映射为边，而其他各类信息统一转换为节点和边的属性，然后可围绕图来分析装配体模型之间的差异性。

本章提出一种基于属性连接图的装配体通用结构发掘方法，具体思路如图 6-1 所示：首先对装配体模型中的零件及其连接关系信息进行统一描述，将模型资源库中的装配体模型逐一转换为对应的属性连接图；然后，为有效识别模型对象之间的共性和降低计算复杂度，在零件及其连接关系相似性分析的基础上，通过聚类方法实现零件个体对象的局部差异融合；最后，针对模型资源库形成的装配体属性连接图集合，采用频繁子图发掘方法获取不同粒度的装配体通用结构单元。

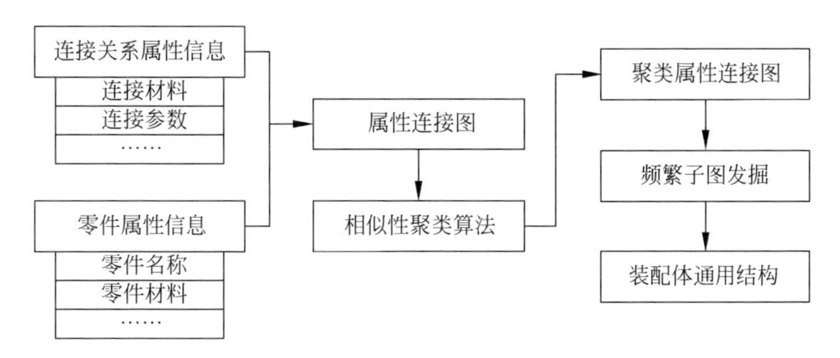

图 6-1 装配体通用结构发掘示意图

6.2 装配体中连接属性的描述

装配体通用结构发掘对象是结构级零部件，其中的零件总是相互连接的，因而可以用这种连接关系表达不同装配体间功能结构的差异。根据零件间装配形式的不同，2.3.2 节将连接关系分为固定连接和运动接触两类。其中，固定连接存在于两个或两个以上的零件之间，是采用连接件对两个或多个零件进行连接以消除零件之间的相对运动。对这部分装配连接的分类与它们依赖的连接件一致，包括螺纹连接、铆接和销钉连接等。运动接触存在于两个零件之间，它通过零件之间的互相约束对零件之间的相对运动进行限制，如移动副、转动副等。

为了描述装配体模型中的结构信息，在 4.2 节提出的属性连接图 $G=\{P, L, A(p_i), A(l_i)\}$ 中，进一步将连接关系属性按如下方式进行表征：

$$A(l_i)=\{A_{\text{Class}}(l_i), A_{\text{Form}}(l_i), A_{\text{Material}}(l_i), A_{\text{Detail}}(l_i)\} \tag{6-1}$$

连接类型 $A_{\text{Class}}(l_i)$：连接类型是对连接关系的一级分类。对于装配连接，连接类型是对连接关系按照上述分类的具体描述，根据 2.3.2 节连接类型的分类，运动接触的连接类型均为接触。连接类型属于标准语义属性，用字符串表示。

连接形式 $A_{\text{Form}}(l_i)$：对于每一类的固定连接在装配体中都有多种具体的表现形式，例如，对于螺纹连接的连接形式有：螺钉连接、螺栓连接、双头螺柱连接、紧定螺钉连接、机器螺钉、自攻螺钉、木螺钉连接、自攻锁紧螺钉连接、紧固件-组合件连接。采用机械设计手册中对每一类连接的连接形式的说明，运动接触的连接形式包括：面接触、点接触和线接触。连接形式是标准语义属性，用字符串表示。

连接材料 $A_{\text{Material}}(l_i)$：对于固定连接，连接材料指该连接所依赖的连接件的材料、胶接材料和焊接材料等。两个连接关系有同一种连接类型，但所依赖材料不同，性能会有很大差异。

连接参数 $A_{\text{Detail}}(l_i)$：一个连接关系的详情属性用于表达其关键参数，每一类固定连接都有其独特的关键参数，因此需要建立一种全面、详细的表达方式。连接参数是量化属性，为一个数值集合：

$$A_{\text{Detail}}(l_i)=\{n, d, \text{len}, b, h, \text{interference}, \text{material}\} \tag{6-2}$$

常见的固定连接的连接参数如表 6-1 所示：

表 6-1　各种固定连接对应的连接参数

类型	连接参数
螺纹连接	number n, diameter d, effective length len
铆钉连接	number n, diameter d, effective length len
销钉连接	number n, diameter d, effective length len
键连接	width b, effective length len, height h
密封连接	diameter d, width b
过盈连接	interference, material

零件和连接关系的属性多种多样，表 6-1 列出了装配体描述符中常用的几种属性信息。在不同的研究领域和分析情境下，需要关注的属性不尽相同。因此，工程技术人员在面对具体问题时，可以结合具体情况对连接类型与连接参数进行增加、删除或修改。

6.3　融合个体差异的属性聚类分析

在机械产品开发中，虽然很多零件会被重复应用到不同的实例，但设计人员有可能面向实际需求对实例中的零件个体对象进行局部修改。通常，此类修改并不会导致整个零件形状和功能发生较大的变化，因此可将其视为零件个体之间的局部差异。为了能够综合以往的设计经验和知识，装配体通用结构发掘应该获得具有共性且包含局部差异的结构单元，这样在识别可重用资源的同时还能综合考虑多种设计的特点。因此，需要在装配体属性连接图的基础上采用有效的方法融合零件之间的局部差异，从而达到有效发掘装配体共性结构单元的目标。

6.3.1　零件个体局部差异的融合思路

对于同一类零件来说，零件的差异主要体现在局部特征上，同样的零件通过特征增加或删除就可以适应不同的应用要求。零件局部差异融合的目的是在一定的范围内消除局部特征对发掘结果的影响，并适当降低计算复杂度，其具体思路是通过抑制零件之间的特征差异，从而使多个相似的零件规约为一个相同的零件。如图 6-2 所示，零件 a 和零件 b 是相似零件，但 a 包含一个圆形凸台而 b 包含两个孔。在将凸台和孔从模型上移除之后，两个零件就变成了同样的零件，即抑制了零件个体间的局部差异。

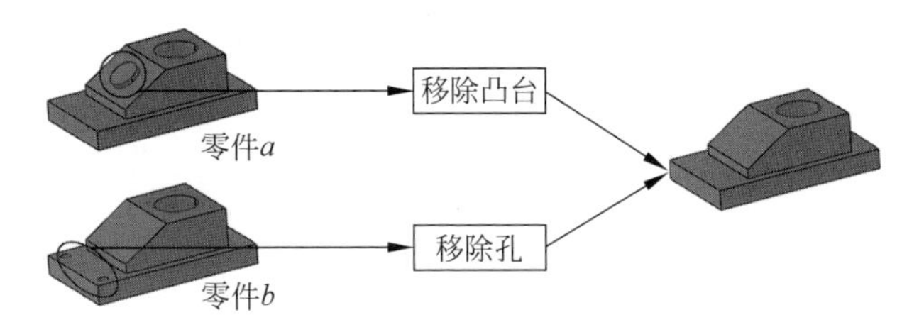

图 6-2　抑制特征实现零件局部特征融合

零件特征抑制是一个较为复杂的问题，不同零件包含的特征类型和特征数量不尽相同，这就需要确定一个合适的粒度。为了达到局部差异融合所期望的目标，可以在通用结构提取之前预先对零件进行分类，即通过计算零件之间的相似性来分类零件，将聚类引入该处理过程。如图 6-3 所示，分别选取三组形状相同而局部特征存在差异的相似零件，图中零件 a，b，c 是相似零件，它们拥有不同的凸台特征，但整体形状相同，因此仍具有很高的相似性，在通用结构发掘中应当作为同一类零件处理。同理，在通用结构发掘中，零件 d,e,f 和 g,h,i 应分别作为两类零件。与此同时，可采用相同的方法对零件之间的连接关系进行处理。

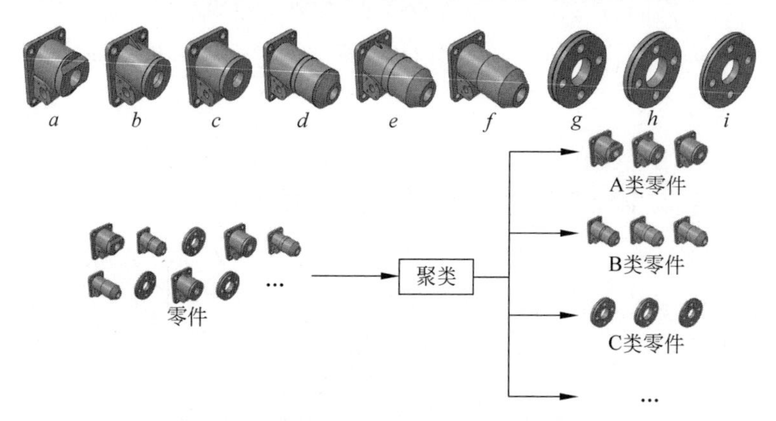

图 6-3　通过聚类实现零件局部差异融合

6.3.2　基于 DBSCAN 的零件和连接关系聚类

正如上文分析，在装配体通用结构发掘中不需要零件和连接关系的精确一致，而是要有一定的差异容忍度，但这种差异又不能过大，否则将会失去通用结构挖掘的意义。因此，在具体的通用结构发掘步骤之前，需要解决的问题是在零件和连接关系的比较中，如何判定哪些差异允许存在于装配体通用结构中。相应地，属性连接图中节点和边的属性能够支撑零件和连接关系的相似性比较。

在进行属性相似性比较之前，需要考虑各类产品对象和应用场景的不同需求。例如，当研究一组车辆模型中的产品组成结构时，轮胎的材料差异就可以不做详细分析，而在研究车辆的承重性能时，轮胎的材料差异就难以忽略了。因此，在属性相似性分析过程中，可以选取不同的属性来满足上述需求。

根据列表类、数值类和集合/字符串类属性的特点以及数据类型建立不同的相似性测度方法，这 3 种属性的相似性 sim 的计算规则可分别参考式(4-18)、式(4-19)和式(4-20)。基于 3 种属性的相似度定义了两个零件之间的距离值 $d(p_i,p_j)$：

$$d(p_i,p_j)=\frac{1}{H}\sum_{h=1}^{h}(1-\mathrm{sim}(A_h(p_i),A_h(p_j)))\tag{6-3}$$

式中：$d(p_i,p_j)$为两个零件的距离值；$\mathrm{sim}(A_h(p_i),A_h(p_j))$为零件 i 与零件 j 的第 h 种属性的相似性。

鉴于连接关系属性的相似性计算原理与上述讨论的方法一致，此处不再赘述。此外，可依据如下两种原则采用属性权重系数 ω_h 来灵活调整不同属性对零件整体相似性的贡献程度：首先，使用者依据模型信息分析需求来决定需要参与分析的属性，将不需要考虑的属性权重设置为 0。例如，若使用者认为无需考虑模型的外形信息，则可将相关属性的权重设置为 0。其次，对于保留的一系列属性，需要通过多次实验来分辨权重大小对分析结果的贡献程度。例如,若当前属性的权重中有零件形状、名称和材料,则要通过实验来确定各类属性的权重,从而保证使用者可以获得相对满意的结果。

通过上述方法,零件之间或连接关系之间的关系被抽象表示为基于属性相似度的量化距离 d。在现有聚类算法中,具有噪声的基于密度的聚类方法(density-based spatial clustering of applications with noise,BSCAN)不仅能识别任意形状、大小和数量的簇,而且具有对噪声和数据的输入次序不敏感[4]等特点,被广泛应用。本节应用基于密度的DBSCAN聚类算法对零件进行分组,连接关系的分类过程相同。DBSCAN聚类算法的思路为:对于任一聚类中的任一对象,在给定半径Eps的邻域内的对象个数必须大于某个给定值,也就是说其邻域密度必须超过某一阈值MinPts。在本节给出的零件属性和连接属性距离算法中,两个对象之间的距离值 d 即决定了两个对象是否相邻。

基于DBSCAN算法的零件聚类过程定义如下:

(1) 零件的Eps邻域:零件 p_i 的Eps邻域是指以 p_i 为中心,在以Eps为半径的区域内所包含的所有零件构成的集合,记作 $\mathrm{Neps}(p_i)=\{p_j \in D \mid d(p_i,p_j) \leqslant \mathrm{Eps}\}$,其中 D 是一个零件类集合。由于式(6-1)中已经定义了零件之间的距离计算方法,因此本节假设所有零件都处于一个抽象空间,零件之间的相邻关系是通过计算零件之间的距离确定的。

(2) 密度可达:对于一组零件链 $p_1,p_2,\cdots,p_n$ 中的任意两个相邻零件 p_i 和 $p_{i+1} \in D$,$(1 \leqslant i \leqslant n)$ 都满足 $p_i \in \mathrm{Neps}(p_{i+1})$,那么就称零件 p_1 在条件Eps和MinPts下是从零件 p_n 密度可达的。

以上概念构成了DBSCAN算法的基础,其基本思路是:考察待聚类零件中的某一个零件 p_i,通过区域查询获取该零件的相邻零件。如果相邻的零件和 p_i 同属于一个类,那么该零件将作为下一轮需要考察的对象,即种子零件。对获得的种子零件进行区域查询以扩展它们所在的类。不断重复迭代直至该类不能扩展为止。此时获得的类为一个完整的类。然后用同样的方法寻找获取其他的类。最后会剩下一些不属于任何类的零件,这些零件被称为"噪声零件"。在聚类过程中,一旦找到一个核心零件即以该核心零件为中心向外扩展,所以可能会导致不同核心零件扩展进来的零件之间差异较大,为了避免这种情况,此处向DBSCAN算法引入一条规则,设置每一个类中的任意两个零件的距离上限在类最大距离之内。

(3) 类最大距离MaxD:对于任意零件类集合 D 中的任意两个零件 p,q,都满足 $\mathrm{dist}(p,q) \leqslant \mathrm{MaxD}$。

为了满足类最大距离的要求,在算法开始时找出待聚类集合内所有不可能分为一类的零件对,在后续算法的零件类扩展步骤中要以这个零件对为依据进行。零件聚类DBSCAN算法过程描述如下:

算法：DBSCAN 算法

输入：待聚类的零件集合 C 以及各个零件之间的距离；类最大距离 MaxD；邻域中至少包含的零件数量 MinPts；半径 Eps

输出：生成的聚类结果

---

(1) 遍历集合 C，根据类最大距离 MaxD，找出零件集合中的不可能属于同类的零件对 W；

(2) 取一个零件；

(3) 如果该零件具有 MinPts 个距离小于 Eps 的其他零件，且这些零件不属于 W，则将该零件标记为核心零件，将从该零件密度可达的所有零件集合形成一个类；

(4) 合并含有公共零件的类为一个零件类；

(5) 重复步骤(2)～(4)，直到处理完所有零件；

(6) 将剩余的噪声零件各自归为一类。

在聚类过程中，可以根据问题背景选取不同的属性信息来计算零件之间的距离。连接关系的分类过程与零件的聚类过程相同，每一个连接关系都假设存在于一个抽象空间，之间的属性相似度作为连接关系之间的距离，将 DBSCAN 算法应用于连接关系属性空间中完成聚类，此处不再赘述。

本书认为同类型的零件节点或连接边之间的差异允许存在于装配体通用结构中。因此，对聚类以后的零件和连接关系进行同类统一表示，如图 6-4 所示，给零件的每个类指定一个编号 P_n，给连接关系的每个类指定一个编号 L_n，该编号将作为该类的所有零件和连接关系的唯一标识(此处为便于读者理解，用 P 和 L 分别表示零件和连接关系，下标为其聚类簇编号)。在挖掘过程中，有相同编号的零件、连接关系分别被视为相同的节点、边。用节点和连接关系的类型码替换属性连接图详细的属性，把属性连接图转换成聚类属性连接图(cluster attribute connection graph，CACG)：

$$G=\{P,L,A_{\text{Type}}(p),A_{\text{Type}}(l)\} \tag{6-4}$$

式中：$A_{\text{Type}}(p)$为零件节点的编号；$A_{\text{Type}}(l)$为连接关系的边编号。

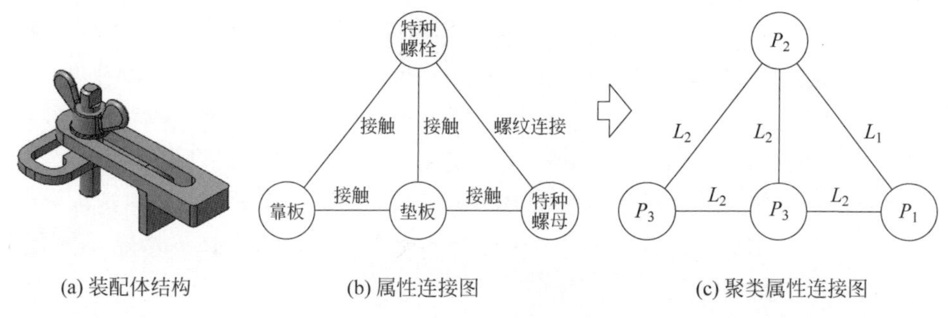

图 6-4　翼肋定位器的 ACG 转换到 CACG

在属性连接图中，节点由它的属性详细描述，而在 CACG 中仅仅由一个码表示，边亦如此。装配体 CACG 的转化过程可以对装配体的零件和连接关系进行详细的比较,装配体通用结构发掘允许存在的差异已经全部消除,也可以将需要分析的数据大大简化,确保了装配体通用结构发掘的可行性。一组装配体 CACG 中重复出现的子图则代表装配体中重复出现的装配体结构,在产品设计等过程中有着重要的参考价值。

6.4　基于图描述的通用结构发掘

为了发掘不同装配体中频繁出现的通用性结构,需要将结构发掘问题进一步抽象。结合 6.3 节的聚类分析,可以将通用结构发掘问题转换为频繁子图发掘问题:每个经过聚类的装配体都对应一个聚类属性连接图 CACG,找到多个 CACG 中共有的频繁出现的子图,可以获得子图对应的子装配体结构,该结构即频繁出现的通用性结构。

现有的频繁子图挖掘研究主要分为两种方法:一种是基于广度优先的算法,它基于 Apriori 思想[5]来枚举重复出现的子图。最早将 Apriori 思想用于频繁子图挖掘的是基于 Apriori 的图发掘(apriori-based graph minning,AGM)算法[6],算法中采用邻接矩阵来表示图,以递归统计为基础挖掘出所有频繁子图。另一种是基于深度优先(depth first search,DFS)的算法,这种方法基于 Growth [7-8]分治策略进行频繁模式增长,即将提供频繁项集的数据库压缩到一棵频繁模式树(FP-tree),但仍保留项集的关联信息。在此基础上将压缩后的数据库分成多个子库,每个子库与一个频繁项关联,进而可通过逐步扩展频繁边的方式,最终获得频繁项集。与经典的 Apriori 算法相比,后者的优势在于算法只需要遍历数据库两次,一次用于发现每个项目的频繁项集,另外一次用于创建 FP-Tree,从而极大地降低了数据库的访问次数。

在子图挖掘领域中,gSpan 算法(graph-based substructure pattern mining)和 FFSM 算法(fast frequent subgraph mining)是基于模式增长思想的典型应用[9-10]。相对于 Apriori 算法,gSpan 算法通过引入新的方法和概念——DFS 词典序、最小 DFS 编码和最右扩展,无需按 Apriori 算法的思想便可直接生成频繁子图,大大提高了算法的效率。FFSM 算法通过定义标准邻接矩阵来唯一标识图,从而将对图的操作转化为对矩阵的操作,通过对矩阵的 FFSM 连接和 FFSM 扩展进行频繁子图的拓展,并通过相应的剪枝策略获得候选子图,避免了冗余候选子图的产生。针对本文提出的聚类属性连接图的特点,以下两节内容分别采用两种算法验证了属性连接图在通用结构挖掘中的应用。

6.4.1　频繁子图的相关定义

现在对频繁子图算法已有较多的研究,频繁子图挖掘方法在表示为图结构的数据中非常有效。为了便于后续挖掘过程中的统一描述,引入以下频繁子图的相关概念[11]。

定义 6-1 对于标号图 $T=(V_T,E_T,\Sigma_T,L_T)$和图 $H=(V_H,E_H,\Sigma_H,L_H)$，Σ 代表图的节点和边标号的集合，L 是标号函数，表示标号向节点和边的映射。如果存在一个双射函数 $f:V_T \leftrightarrow V_H$，并且 f 满足下面给出的两个条件：① $\forall u \in V$，$L_T(u)=L_H(f(u))$；② $\forall (u,v) \in E_T$，$(f(u),f(v)) \in E_H$ 且 $L_T(u,v)=L_H(f(u),f(v))$。则图 T 和图 H 同构，记作 $T \cong H$。本节用聚类属性连图表示装配体模型，若存在两图同构，则表明它们所代表的装配体模型之间的零件及连接关系属性完全一致。

定义 6-2 对于图 $T=(V_T,E_T)$和图 $H=(V_H,E_H)$，若图 T 中存在子图 T 和图 H 同构，则称图 H、图 T 与子图"同构"，记作 $T \subseteq H$。若两个聚类属性连接图之间存在子图同构关系，则所对应的装配体之间存在相同的设计结构。

定义 6-3 对于图集合 $\mathrm{TD}=(T_1,T_2,\cdots,T_n)$，若 g 是 T_i 的导出子图，记作 $o(g,T_i)=1$，否则 $o(g,T_i)=0$。则 g 的支持度 $\sup(g)$为

$$\sup(g)=\frac{\sum_{i=1}^{n} o(g,T_i)}{n} \tag{6-5}$$

定义 6-4 给定一个支持度阈值 min_sup，若 $\sup(g) \geqslant \text{min\_sup}$，则 g 是 TD 的一个频繁子图。

上述定义给出了频繁子图的相关概念及判断方法，在此基础上，结合所提出的装配体描述符就可以给出通用结构的定义。

定义 6-5 对于一系列装配体模型，其描述符为 $G=(G_1,G_2,\cdots,G_n)$，且其通过聚类处理的描述符为 $G'=(G'_1,G'_2,\cdots,G'_n)$。若 g 是 G'的一个频繁子图，则 g 对应的结构是这些装配体中所包含的通用结构。

频繁子图挖掘可以高效地从图形结构数据中查找相似部分，对装配体模型的聚类属性连接图集合进行频繁子图挖掘，所得到的一个频繁子图对应一个装配体通用结构。

6.4.2 基于 gSpan 的装配体通用结构发掘算法

gSpan 算法的主要目的是在图数据集中进行图挖掘生成频繁子图，通过对每个图建立 DFS 词典序，从而将每个图用最小 DFS 编码唯一标记。每次在候选图集 F 中增加一个候选子图时，就计算其规范化标记(DFS 编码，下文会详细介绍)。如果该规范化标记是最小的，则保留下来继续进行深度搜索的扩展，否则删除该候选子图。通过这种方式，gSpan 算法避免了大量冗余候选子图的产生，因而能够高效发掘图数据集中的所有频繁子图。

6.4.2.1 算法过程

与其他频繁子图挖掘算法相比，gSpan 算法具有以下特点[12-13]：

(1) gSpan 通过 DFS 编码来对图进行描述，并且用按照字典序排序获得的最小 DFS 编码作为图的唯一标识。这样，频繁子图挖掘就转化成了对频繁子图最小 DFS 编码的挖掘。

(2) 候选子图集合 F 的产生是频繁子图挖掘的主要过程，也体现了通用结构的形成过程。gSpan 采用最右路径扩展的方式生成候选子图，其中又分为两种方式，一种是在已有的顶点之间连接边，另一种是通过引入新的顶点来连接边。

(3) 构建 DFS 编码树来表示搜索空间，通过树的形式对所有候选子图进行组织。若产生的候选子图不是最小 DFS 编码的，则将其从 DFS 编码树中删除，这样能够大大减少冗余候选子图的产生，提高效率。

(4) 算法从一条频繁边开始逐步扩展，直到找到所有的频繁子图。其中搜索是在包含了上一级频繁子图的图中搜索，而不是搜索整个输入数据库。显然，这样的方式实际上移除了不包含频繁子图的输入图，避免了大量重复扫描数据库。

gSpan 的上述特点使其在进行频繁子图挖掘中具有较高的效率，在输入数据规模较大时，这种优势能够得到很好的体现。利用 gSpan 算法进行装配体通用结构挖掘的过程如下：

算法：gSpan 算法
输入：装配体图数据库 TD，最小支持度阈值 min_sup
输出：图数据库中所有满足最小支持度阈值的频繁子图集合 F

(1) 扫描装配体模型的图数据库 TD，计算图中所有边和节点的支持度 sup，按照频度排序，将所有小于 min_sup 的节点和边剔除，对满足条件的频繁边和节点重新编号，作为初始子图；
(2) 从边数为 1 的开始，对 k 边频繁子图进行最右路径扩展，每次增加一条边，得到边数为 $k+l$ 的候选频繁子图，加入候选图集 F 中；
(3) 根据字典序判断候选子图的 DFS 编码是否为最小，若是，则计算当前图的支持度，如果支持度不满足 sup 且小于 min_sup，就从候选图集 F 中将其删除；
(4) 在计算 k 边子图的支持度时，记录 k 边频繁图对应的数据图集中图的编号，通过对 k 边频繁图在扩展时获得 $k+l$ 候选频繁图的支持度；
(5) 重复步骤(2)～(4)，直到没有新的候选子图生成为止；
(6) 当某条频繁边的所有扩展都已生成之后，将这条边从图集合中删除，减小图集合的规模。

6.4.2.2　通用结构发掘结果的过滤

频繁子图挖掘的结果通常包含了所有的频繁子图，然而，实际上对于通用结构发掘来说并不需要所有的频繁子图。如图 6-5 所示，a 和 b 都是挖掘获得的频繁子图，且 A 和 B 是其分别对应的结构。显然 b 是 a 的子图，对应的，B 是 A 的结构的一部分。从通用结构发掘的角度来说，获得 A 就可以满足基本需求了。因此，需要对挖掘得到的所有频繁子图进行过滤处理，只保留所需的结果。为此，本节给出以下两个过滤规则[14-15]：

(1) 对于图集合 $\mathrm{TD}=\{T_1,T_2,\cdots,T_n\}$，若 g 是 TD 的一个频繁子图且 g' 是

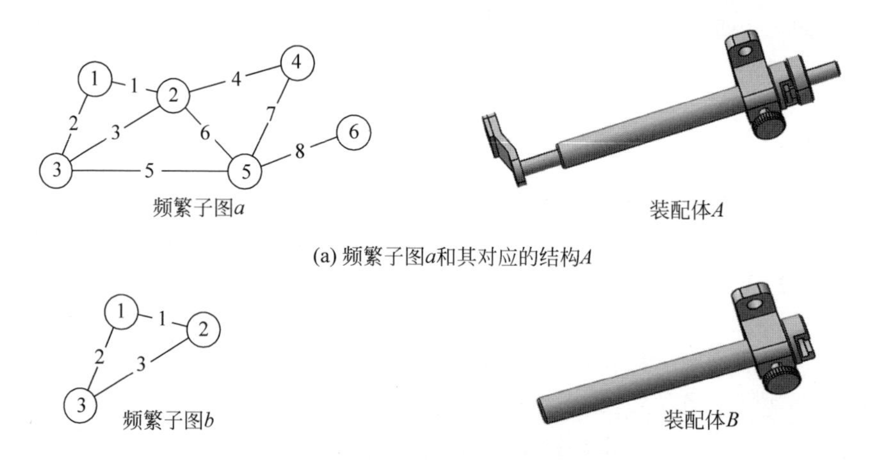

(a) 频繁子图a和其对应的结构A

(b) 频繁子图b和其对应的结构B

图 6-5　两个频繁子图和其对应的结构

g 的子图，则 g' 也是 TD 的一个频繁子图。

从装配体的角度来说，上述规则可以表述为通用结构的组成部分也必定是通用结构。因此，理想状态是发掘到的是“最大”的通用结构，也就是获得的通用结构不是其他通用结构的子结构。对应到频繁子图挖掘中，需要的是这样的子图：它是频繁子图，且它不是其他频繁子图的子图。基于上述分析，给出下列过滤规则：

(2) 对于频繁子图集合 $g=\{g_1,g_2,\cdots,g_m\}$，若 g_i 是 $g_j(i\neq j)$ 的子图，则将 g_i 从 g 中移除。

通过上述处理，多余的频繁子图就会从频繁子图挖掘结果中移除，而最终结果就会对应所期望获得的通用结构。

6.4.2.3　实例分析

为了验证装配体通用结构发掘方法的可行性和有效性，本节首先选取一组壁板的卡板工装模型，如图 6-6 所示，并对卡板模型的验证过程进行详细的分步骤描述。

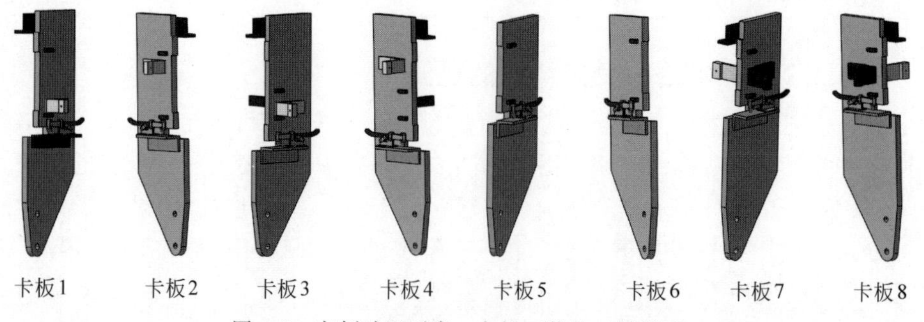

图 6-6　实例验证对象：卡板工装的三维模型

（1）ACG 的建立

本组实例选取的模型是壁板的卡板工装模型，壁板装配卡板由卡板和一系列定位夹紧零组件组成，该类卡板主要通过自身外形特征来定位待装配的蒙皮和长桁，并且支撑其他定位夹紧零组件，所采用的连接方式多为焊接、螺接等固定连接方式，因此连接关系统一用固定连接表示。本组实例的关注重点为零件的形状特征，选择零件的 ID 属性、名称属性、功能属性、形状属性和材料属性来作为节点的属性，而边的属性仅考虑连接类型，以此来构建模型 CACG。

（2）零件和连接关系的聚类分析

采用基于密度的 DBSCAN 聚类算法对零件进行聚类，分组是基于所有零件的属性信息。算法的输入包括：

1）需要分组的所有零件的属性点集合 C，这个集合直接从 CACG 中可以获取；

2）类最大距离 MaxD，该参数定义了聚类以后，每个类中零件之间的最大距离的阈值，此处定为 0.5，这表示可以保证同一类中的零件之间的差异度不超过 50%；

3）邻域中至少包含的点数 MinPts，根据多次实验和以往使用此算法的经验，取值为 2；

4）半径 Eps，该参数定义了核心点的要求，根据多次实验和应用场景，取值为 0.12。

零件聚类完成之后，每个顶点都会被赋予一个整数标识，其中在同一个类中的顶点被标记为同样的标识，在后续的频繁子图挖掘中只需要判断对应顶点的标识是否相同，而不需要重复地计算顶点的相似性。与零件不同，连接关系的形式比较固定，在对连接关系进行区分时，只需要比较两个连接关系是否相同即可。对应到装配体 CACG 中，只需要比较两个边是否相同即可实现边的分类。

实例选取的 8 个装配卡板模型的 ACG 和对装配体聚类之后的结果如图 6-7 所示，其中 1 号、2 号和 13 号代表了多个零件，其他标识分别代表 1 个零件。1 号零件代表了 4 个不同的卡板零件，可以看出这 4 个卡板在形状上存在一定的差异，例如孔的位置和凸台的位置。通过分析可知这些差异都是根据实际需要作出的调整，不影响卡板的总体结构和总体功能。在通用结构提取时可以通过聚类忽略这些局部特征差异。

（3）通用结构发掘

设定支持度阈值 min_sup=1 并针对已聚类描述符进行频繁子图挖掘，对获得的频繁子图进行过滤处理后，得到的最终结果如图 6-8(a)所示，而其对应的通用结构如图 6-8(b)所示。可以看出，所获得的通用结构是合理的，它代表了 8 个装配卡板中的共有部分，在卡板设计中具有重要的重用价值。

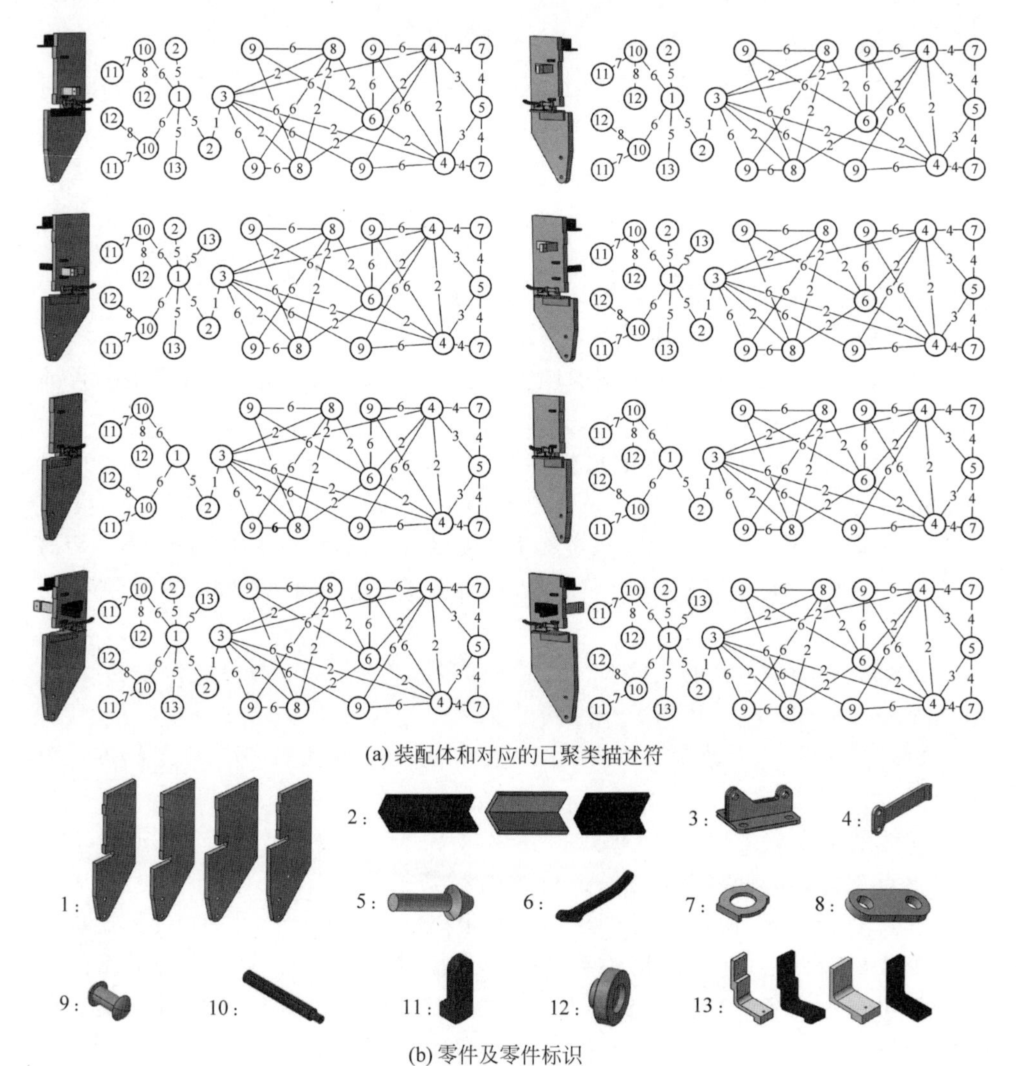

(a) 装配体和对应的已聚类描述符

(b) 零件及零件标识

图 6-7　装配体聚类结果

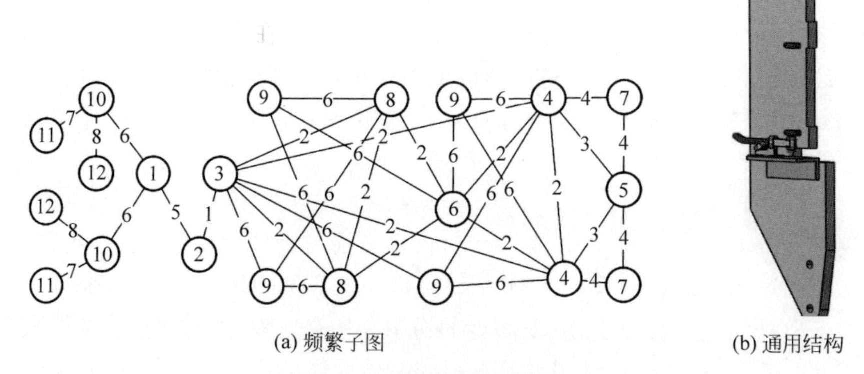

(a) 频繁子图　　(b) 通用结构

图 6-8　装配体通用结构发掘

实例部分另外选择了5组不同的装配体作为对象进行通用结构发掘实验，设定支持度阈值 min_sup=1，通用结构挖掘结果如图6-9所示。从该实验结果可以看出本章提出的方法在每一组实验都可以得到合理的结果。

发掘结果验证了所提方法的可行性，以图6-9中第5组中的定位器为例，说明重用通用结构为产品设计过程带来的优势：该类定位器是装配型架中用于定位零部件的装置，主要由一个调节机构和一个定位头组成，通过调节定位器中的调节机构，配合定位头就可以准确定位零部件的位置。发掘结果显示调节机构是定位器中的通用结构，也就是说，在以往的设计中都采用了这样的调节机构，调节机构与不同的定位头组合就可以形成新的定位器。因此，在设计新的相似的定位器时，可以直接使用所获得的调节机构，而剩下的工作则是根据具体需求设计合适的定位头。通过这种模式，设计人员可以将更多的精力放在定位头的设计上，从而提高设计效率。

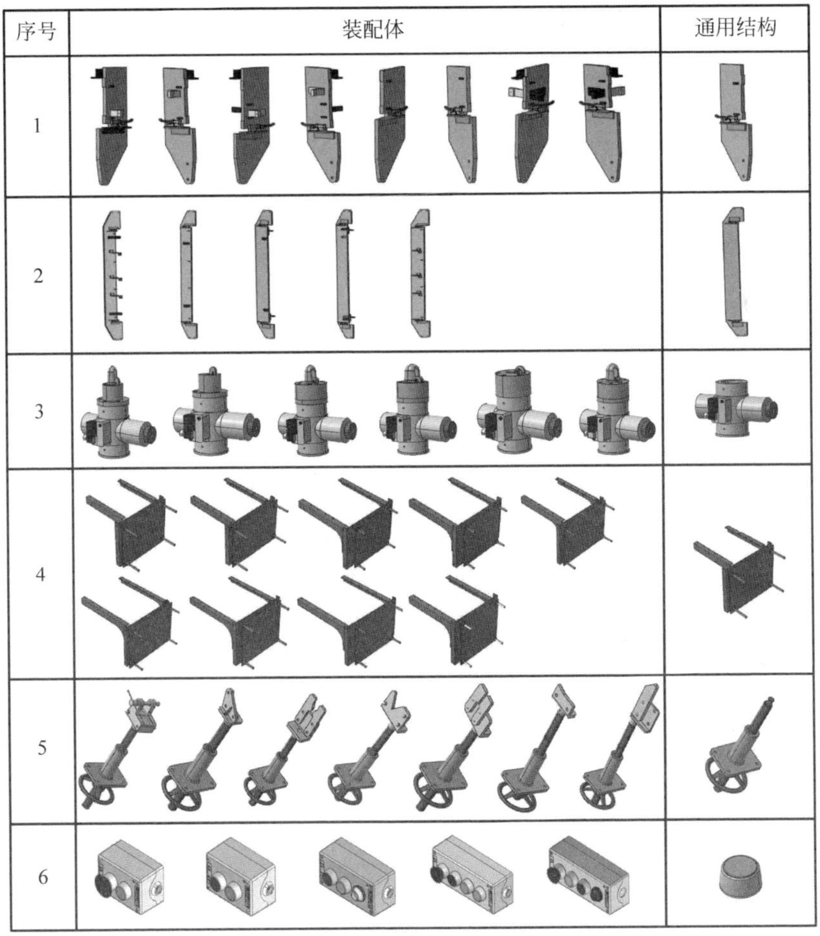

序号	装配体	通用结构
1		
2		
3		
4		
5		
6		

图6-9　装配体通用结构发掘实例

6.4.2.4 零件聚类的有效性分析

在6.3节中提出了通过零件相似性的计算完成分层聚类，从而实现对零件局部差异融合的思路。通用结构发掘方法强调了对相似零件的聚类，因此对描述空间的一个关键要求就是能够区分不同类的零件，而不仅是简单地判断两个零件相同还是不相同。从零件之间距离的角度来说，该要求则可以描述为：通过在描述空间中对零件属性相似性的计算使相似零件间的距离较小，而不相似零件间的距离较大。在6.3节中没有对该情况进行讨论，因此有必要从该角度对零件描述结果进行分析。

首先选择零件 a 作为基准零件，计算各个零件与零件 a 的距离。为保证精度，重复该计算10次，结果如图6-10(a)所示。结果显示，相似零件之间的距离很小，例如零件 a 和零件 b 之间的距离为0.00105。同时，不相似零件之间的距离会显著增大，例如零件 a 与零件 e 之间的距离为0.114。此外，一系列相似零件与其他类零件间的距离值基本一致，例如零件 h，i 和 j 各自与零件 a 的距离都在0.20～0.22。可以看出，实验结果符合对零件描述的预期，即能够对相似零件和不相似零件进行区分。

此外，还选取了零件 h 作为基准零件重复上述实验，结果如图6-10(b)所示。可以看出，选择零件 h 作为基准零件所获得的结果与选择零件 a 作为基准零件所获得的结果类似，同样可以得到上述结论。如图6-10(c)所示，实验结果表明：零件 a，b，c 和 d 是相似零件；零件 d，e 和 f 是相似零件；零件 h，i 和 j 是相似零件。因此，本章对零件的描述可以满足通用结构发掘的要求。

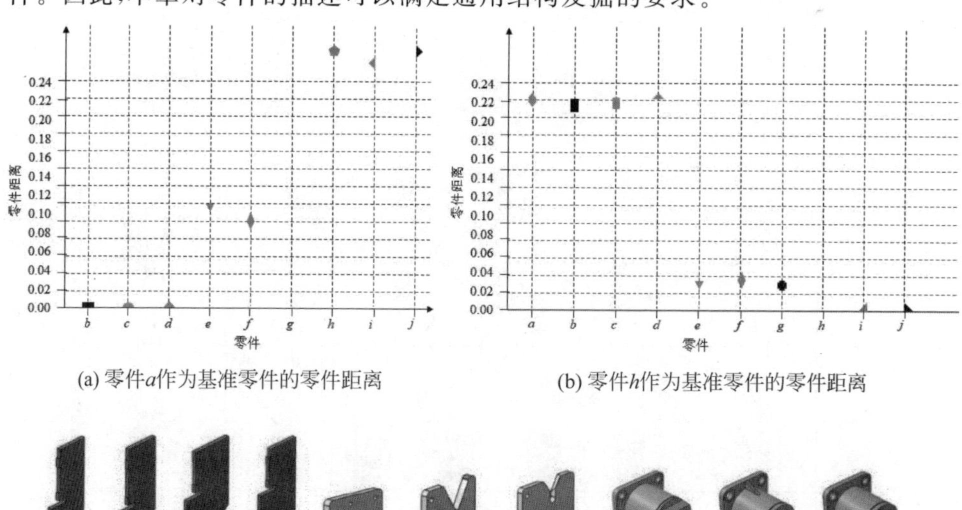

(a) 零件a作为基准零件的零件距离

(b) 零件h作为基准零件的零件距离

(c) 实验中使用的零件

图6-10 零件聚类结果分析

6.4.3 基于 FFSM 的装配体通用结构发掘算法

FFSM 算法采用深度逐层递归来挖掘频繁子图，不仅将子图同构问题转化成了对矩阵的运算操作，还将图的扩展过程转换为表示矩阵之间的连接操作和扩展操作。在基于 FFSM 的频繁子图挖掘中，图以标准邻接矩阵的方式表示，矩阵对角线上的数据表示每个 ACG 的节点，非对角线上的非零数据表示节点之间边的信息。由于属性连接图是无向图，矩阵是关于对角线对称的，在存储矩阵的时候为了节省空间，可根据矩阵的对角线保留下三角或上三角即可[16]。在下文中均采用下三角矩阵表示。

6.4.3.1 图同构判别

在频繁子图挖掘的过程中，最为耗时的步骤是进行子图同构判断，在这个过程中需要比较节点在各种排列组合下的结构是否相同。为了解决复杂度过高的问题，可将每个图转换为一个标准的形式，用一段唯一的编码表示，利用编码的比较实现图同构的判别。该过程分为以下三个步骤：

步骤 1：将图表示为邻接矩阵的形式。装配体若有 n 个零件，可表示为 n 阶邻接矩阵 $\boldsymbol{M}$，但邻接矩阵与图没有唯一的对应关系，矩阵会随着图节点顺序的变化而变化。因此，将一个图的所有邻接矩阵都列出，用于建立正则码。邻接矩阵是一个对角阵，将邻接矩阵中的元素用类型码表示，类型码为聚类完成后节点和边的编号。其中，对角线上的元素用零件类型码 $A_{\text{Type}}(p)$ 表示，而非对角线上的元素用连接关系类型码 $A_{\text{Type}}(l)$ 表示，当不存在连接关系时用 0 表示。装配体的邻接矩阵形式如式(6-4)所示：

$$\boldsymbol{M}=\begin{bmatrix} A_{\text{Type}}(p_1) & A_{\text{Type}}(l_{1,2}) & \cdots & A_{\text{Type}}(l_{1,n}) \\ A_{\text{Type}}(l_{2,1}) & A_{\text{Type}}(p_2) & \cdots & A_{\text{Type}}(l_{2,n}) \\ \vdots & \vdots & & \vdots \\ A_{\text{Type}}(l_{n,1}) & A_{\text{Type}}(l_{n,2}) & \cdots & A_{\text{Type}}(l_{n,n}) \end{bmatrix} \tag{6-6}$$

步骤 2：为了简化邻接矩阵的表示，将邻接矩阵转换为编码形式。将邻接矩阵的下三角阵按列从左到右排列，每一列元素从上到下排列，能得到该图的一种编码：

$$\begin{aligned} \text{code}(\boldsymbol{M})=\{&A_{\text{Type}}(p_1)A_{\text{Type}}(l_{2,1})A_{\text{Type}}(p_2)\cdot \\ &A_{\text{Type}}(l_{3,1})A_{\text{Type}}(l_{3,2})\cdots A_{\text{Type}}(l_{n,n-1})A_{\text{Type}}(p_n)\} \end{aligned} \tag{6-7}$$

式中：$A_{\text{Type}}(l_{i,j})$ 表示了邻接矩阵 $\boldsymbol{M}$ 中的第 i 行第 j 列的元素。

步骤 3：按照规范建立图的编码后，从中选择字典顺序最大的就能够唯一地表示一个图，将这种编码称为“正则编码”。编码顺序按如下形式给出：

$$p_n > p_{n-1} > \cdots > p_2 > p_1 > L_m > L_{m-1} > \cdots > L_2 > L_1 \tag{6-8}$$

在给定的编码顺序下可实现正则编码，具体过程为：首先，按零件类型码的大小，将类型码大的零件排列在最左边，若有多个零件的类型码相同则交换这些零件的位置，得到所有可能的组合形式；然后，建立所有邻接矩阵的编码 code($\boldsymbol{M}$)，最大的为正则编码，对应的矩阵为正则矩阵。如图 6-11 所示，3 个矩阵为同一个图的邻接矩阵，其中 code($\boldsymbol{M}_3$)最大，则为该图的正则形式，对应的矩阵 $\boldsymbol{M}_3$ 为 CACG 的唯一正则邻接矩阵。

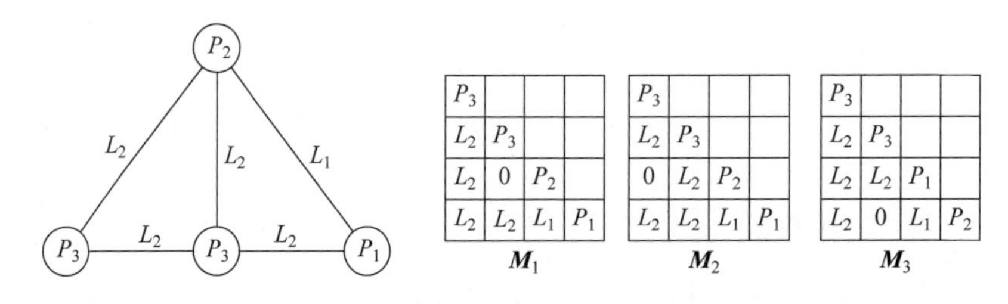

code($\boldsymbol{M}_1$)=$p_3l_2p_3l_2l_0p_2l_2l_2l_1p_1$　code($\boldsymbol{M}_2$)=$p_3l_2p_3l_0l_2p_2l_2l_2l_1p_1$　code($\boldsymbol{M}_3$)=$p_3l_2p_3l_2l_2p_1l_2l_0l_1p_1$

图 6-11　CACG 的邻接矩阵和编码

6.4.3.2　算法过程

装配体从属性连接图转换为聚类属性连接图后，结合图同构判别方法，可通过频繁子图挖掘算法实现通用结构的挖掘。FFSM 算法[16]过程描述如下：

算法：FFSM 算法

输入：装配体图数据库 TD，最小支持度阈值 min_sup

输出：图数据库中所有满足最小支持度阈值的频繁子图集合 F

---

(1) 扫描装配体模型的图数据库 TD，计算图中所有边和节点的支持度 sup，按照频度排序，将所有小于 min_sup 的节点和边剔除，将满足最小频繁度的边放入一阶频繁子图，并记录相关的信息；

(2) 用下三角邻接矩阵表示图，按照从上到下，从左到右的顺序扫描邻接矩阵获得图的编码，最小的图编码被称为图的“正则编码”，图的正则编码对应的邻接矩阵会被称为“正则邻接矩阵”；

(3) 使用两种有效的操作：FFSM_Join 连接操作和 FFSM_Extension 扩展操作以完成候选子图的生成；

(4) 计算候选子图的支持度 sup，如果候选子图的支持度小于最小支持度，将其删除，重新执行 FFSM_Join 和 FFSM_Extension 方法生成新的候选子图；

(5) 判断候选子图的编码是否为正则编码，若不是将其删除并重新执行 FFSM_Join 和 FFSM_Extension 方法生成新的候选子图；

(6) 将候选子图放入频繁子图集 F 中；

(7) 重复步骤(2)～(5)，直到没有新的候选子图生成为止。

候选子图的产生是频繁子图挖掘的重要环节，从一个多次出现的连接关系及其所连接的零件开始，不断增加新的连接关系，其中新连接关系要与已出现的零件

相连，进而不断产生新的结构。FFSM 算法有两种类型的候选子图生成操作，分别为连接操作 FFSM-Join 和扩展操作 FFSM-Extension，并用频繁度计数筛选候选频繁子图。

(1) 连接操作 FFSM-Join：FFSM 算法对候选子图产生过程进行了改进，只连接具有相同最大可行子矩阵的图，最大可行子矩阵相同意味着两个图只有最后的一条边可能有差异，这样进行连接操作时只会产生一个(最多两个)候选子图，即两组装配体模型除了一种连接关系存在差异，其他零件和连接关系均相同，由两者扩展生成的候选模型只有一种或两种。

(2) 扩展操作 FFSM-Extension：连接操作不能产生所有可能的子图，还需扩展操作的补充，即在增加边的过程中引入一个相连的节点，例如对候选模型直接添加频繁零件节点以获得通用结构。

(3) 频繁度计数：在进行通用结构挖掘之前，需要定义频繁度阈值，排除一组模型中非频繁出现的零件节点和连接关系。FFSM 算法通过嵌入节点集记录先前进行的同构比较，排除那些不可能同构的图从而加速频繁度计数过程。嵌入节点集是图的连接矩阵中顶点的排列顺序。在进行频繁度计数时，先找出包含候选子图嵌入节点集的支持图，如果支持图的数量小于频繁度阈值，则对该候选子图进行剪枝；当支持图的数量大于频繁度阈值，则对这些支持图进行子图检测。这样能使检测更具有针对性并降低了计算复杂性。

通过上述的方法最终能够输出多个属性连接图的频繁子图，频繁子图所对应的模型就是装配体的通用结构，包含了频繁出现的零件和零件之间的连接关系。

6.4.3.3　实例分析

本节选用一些典型装配型架作为实例进行分析，包括：3 种不同形式的襟翼装配型架、一种机翼翼盒装配型架和一种机身壁板的装配型架，其三维模型如图 6-12 所示。

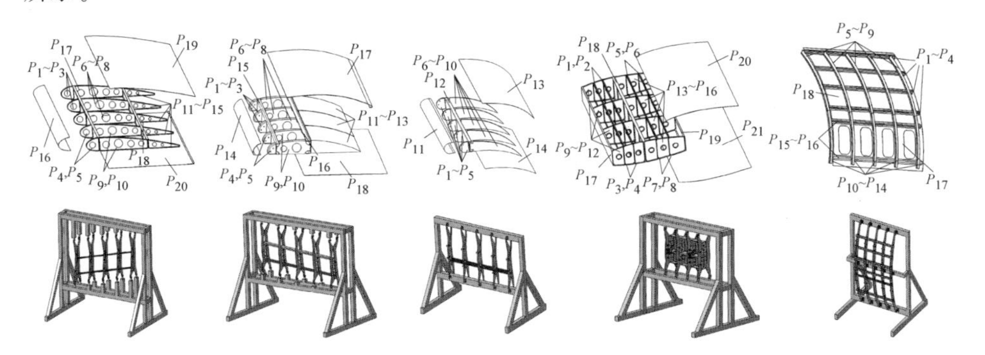

(a) 装配体1对应型架　(b) 装配体2对应型架　(c) 装配体3对应型架　(d) 装配体4对应型架　(e) 装配体5对应型架

图 6-12　装配对象和装配型架模型

(1) ACG 的建立

按照装配体中连接属性的描述方法,将装配型架的模型转换为属性连接图 ACG 的形式。在转换过程中,由于装配型架的结构复杂,且卡板及其上的定位夹紧装置是重复出现的,为了便于实例分析过程的描述,在每个装配型架上只选取一个有代表性的卡板建立属性连接图,如图 6-13 所示。

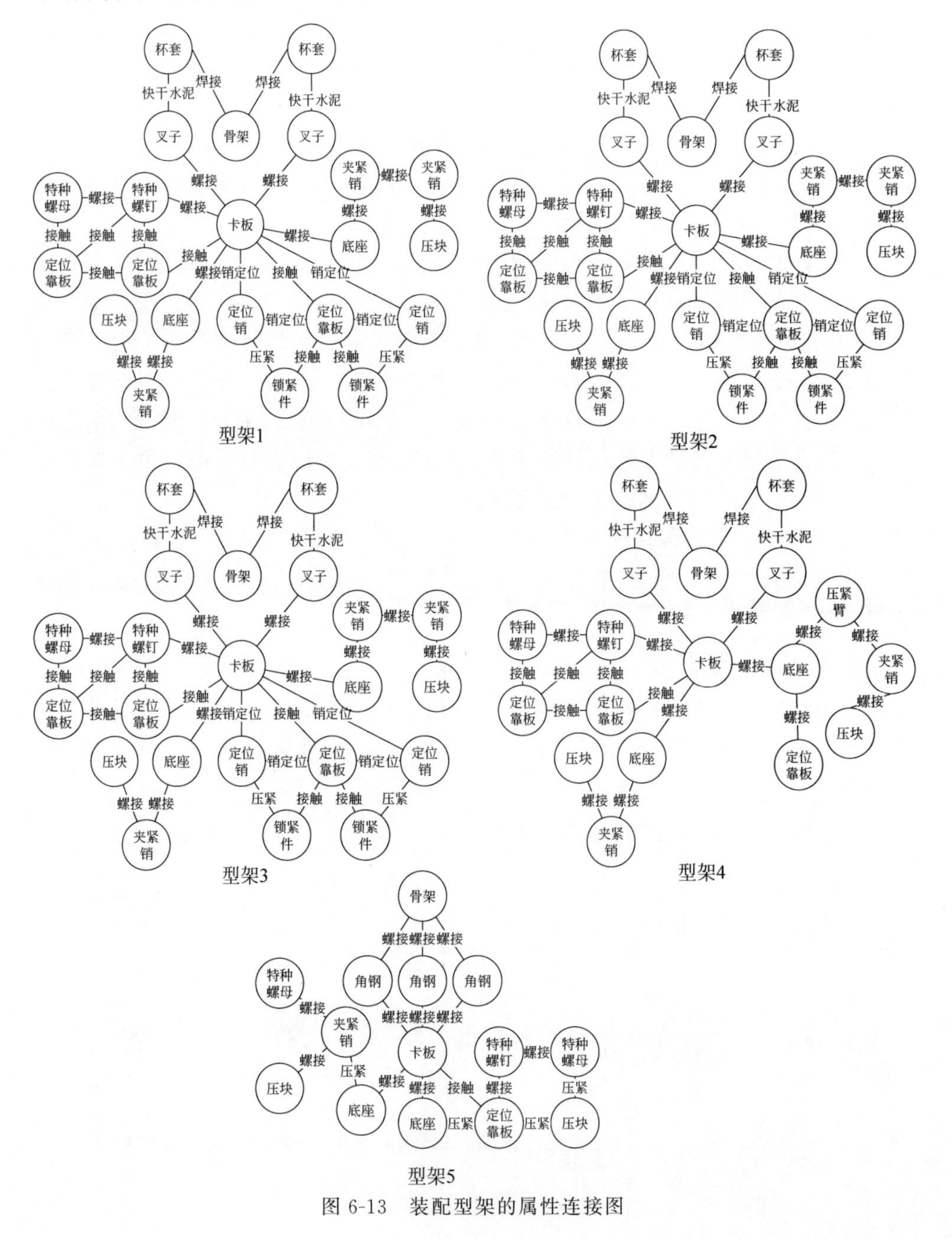

图 6-13　装配型架的属性连接图

(2) 零件和连接关系的聚类分析

按基于属性相似性的聚类方法，根据零件和连接关系的属性信息按 DBSCAN 聚类算法进行分类，给每一类节点和边赋予一个类型编号，建立零件和连接关系的类型码，如表 6-2、表 6-3 所示。

表 6-2　零件类型及类型码

零件类型	类型码	零件类型	类型码	零件类型	类型码	零件类型	类型码
压块	P_1	底座	P_5	锁紧件	P_9	骨架	P_{13}
夹紧销	P_2	定位靠板	P_6	杯套	P_{10}	卡板	P_{14}
特种螺母	P_3	压紧臂	P_7	叉子	P_{11}		
特种螺钉	P_4	定位销	P_8	角钢	P_{12}		

表 6-3　装配连接类型及类型码

装配连接关系类型	类型码	装配连接关系类型	类型码	装配连接关系类型	类型码
螺接	L_1	接触	L_2	销定	L_3
压紧	L_4	快干水泥	L_5	焊接	L_6

按类型码将属性连接图 ACG 转换为聚类属性连接图 CACG，如图 6-14 所示。

(3) 通用结构发掘

在聚类属性连接图的基础上，利用 FFSM 频繁子图挖掘算法进行频繁结构的挖掘，设置频繁阈值 min_sup 为 0.5，产生的挖掘结果如表 6-4 所示。

需要说明的是：本书研究的型架装配体有多种类型，所装配对象尺寸外形有很大不同，对应的卡板和骨架形状也有较大差异。因此没有将卡板和骨架作为通用结构进行挖掘，而是深入装配体内部进行通用结构挖掘分析。在挖掘出的频繁子图结构中，将卡板和骨架删除，得到了 8 个频繁同结构模块。其中，后 3 种频繁结构由于零件的外形差异较大而不纳入通用结构分析对象。因此，在本实验中发掘通用结构为编号 1,2,3,4,5 所对应的子装配体。

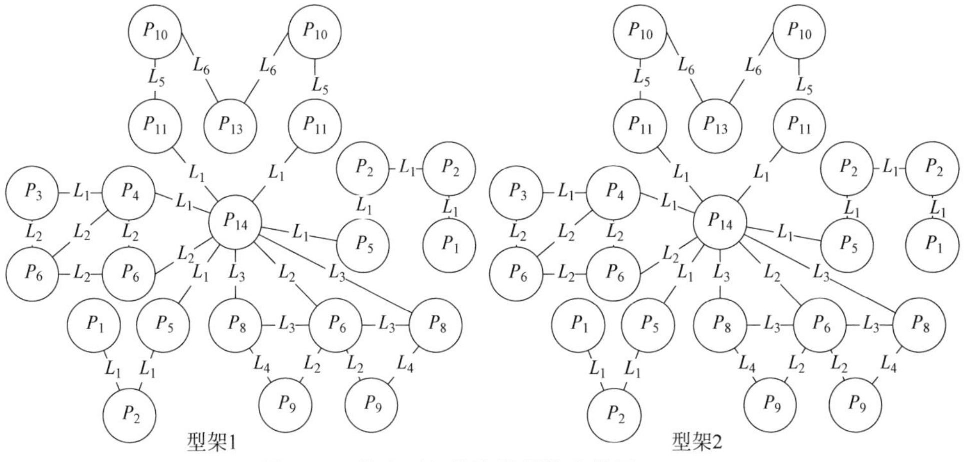

图 6-14　装配型架的聚类属性连接图 CACG

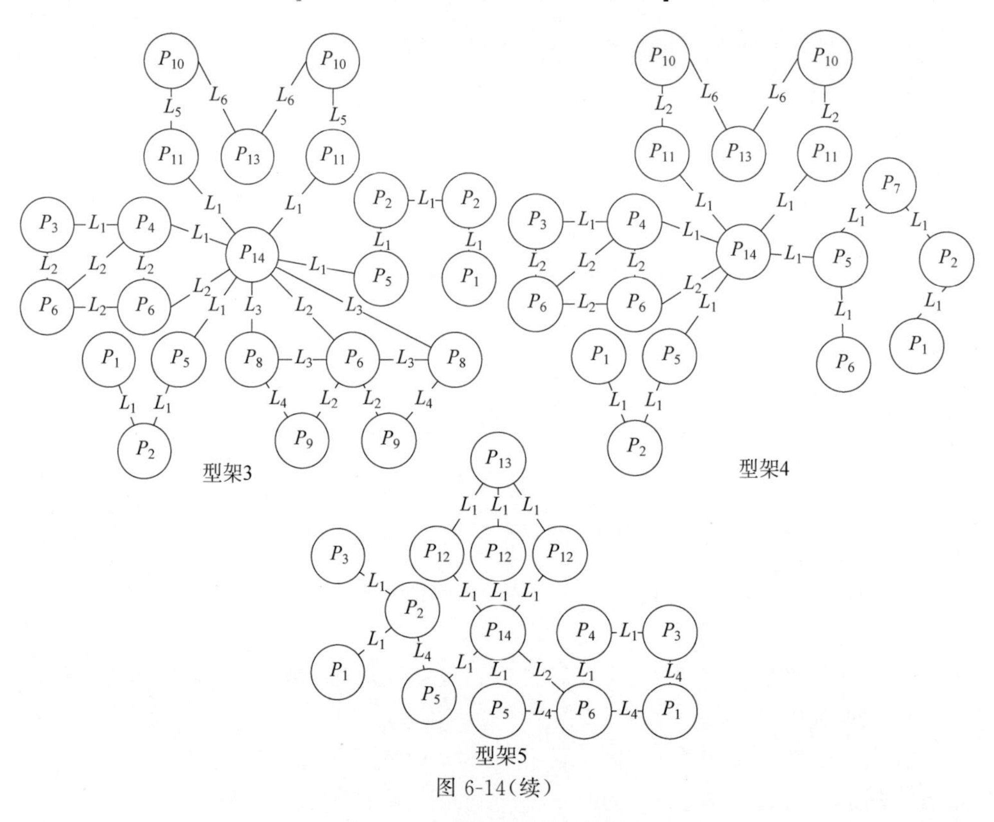

图 6-14(续)

表 6-4 频繁子图挖掘的结果

编号	频繁子图结构	频繁度	对应模型	编号	频繁子图结构	频繁度	对应模型
1	P_3—L_1—P_4; L_2 L_2 L_2; P_6—L_2—P_6	0.8		5	P_{10}—L_5—P_{11}	0.8	
2	P_1 P_5; L_1 L_1; P_2	0.8		6	P_1—L_1—P_2	1.0	
3	P_2—L_1—P_2; L_1 L_1; P_5 P_1	0.6		7	P_3—L_1—P_4	1.0	
4	P_8—L_3—P_6—L_3—P_8; L_4 L_2 L_2 L_4; P_9 P_9	0.6		8	P_2—L_1—P_5	0.8	

除此之外，选择一组减速器模型进行验证。该组减速器模型包含$R_1 \sim R_5$ 5个减速器，如图6-15所示。

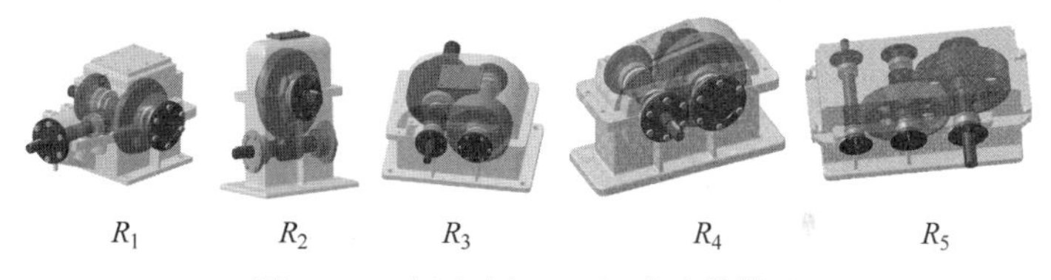

图6-15　验证对象：一组减速器模型

聚类算法DBSCAN对所有零件的聚类过程中的参数输入设定为MaxD：0.5，MinPts：2，Eps：0.25，经过聚类算法，零件的聚类结果如表6-5所示：

表6-5　减速器模型中零件的聚类结构和编号

分类	名　　称	分类	名　　称	分类	名　　称
1	键	3	轴承30207	6	口盖
2	输入轴	3	轴承30208	7	外壳
2	输出轴	3	轴承30210	8	大尺寸齿轮
2	输入蜗杆轴	3	轴承30215	8	小尺寸齿轮
2	输入齿轮轴	3	轴承6009	8	圆锥齿轮
2	传动轴	3	轴承7208C	8	蜗轮
2	齿轮传动轴	4	轴承端盖	8	小圆锥齿轮
3	轴承30206	5	甩油杯	9	轴承座

对连接关系进行聚类参数输入设定为MaxD：0.5，MinPts：2，Eps：0.25，经过聚类算法，聚类结果如表6-6所示：

表6-6　减速器模型中连接关系的聚类结构和编号

名　　称	分类	名　　称	分类	名　　称	分类	名　　称	分类
螺钉连接1	1	密封连接1	3	键连接	4	接触连接	6
螺钉连接2	2	密封连接1	3	花键连接	5	接触连接	6

选择不同的频繁度阈值min_sup，分别设置为1，0.8，0.6，0.4，用FFSM算法进行通用结构挖掘的结果如表6-7所示：

表6-7　减速器模型装配体通用结构发掘结果

ID	通用结构	装配体模型
G_1 频繁度：5/5=1 包含于减速器 1，2，3，4，5		

续表

ID	通用结构	装配体模型
G_2 频繁度：4/5=0.8 包含于减速器 1，2，4，5	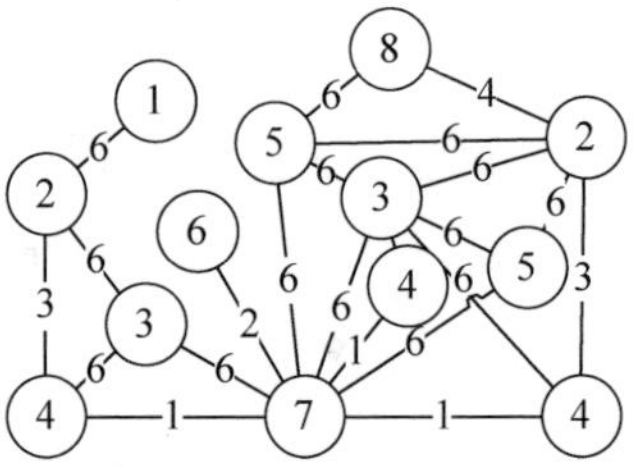	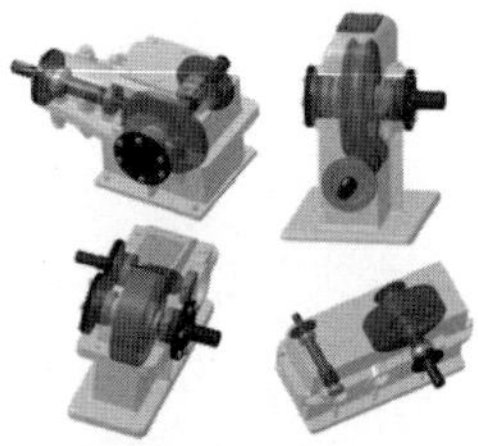
G_3 频繁度：4/5=0.8 包含于减速器 1，3，4，5	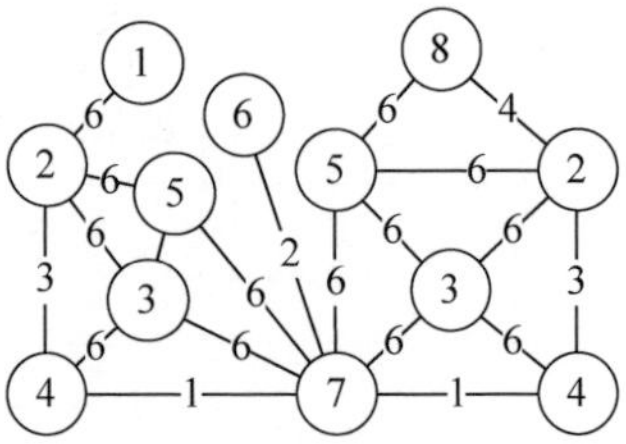	
G_4 频繁度：3/5=0.6 包含于减速器 2，4，5	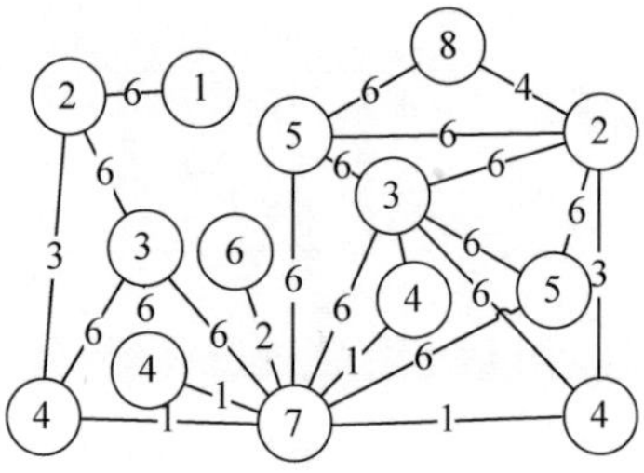	
G_5 频繁度：3/5=0.6 包含于减速器 1，4，5	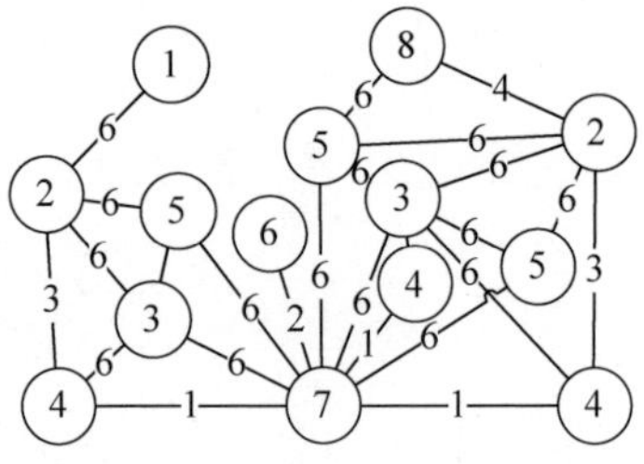	
G_6 频繁度：3/5=0.6 包含于减速器 1，3，5	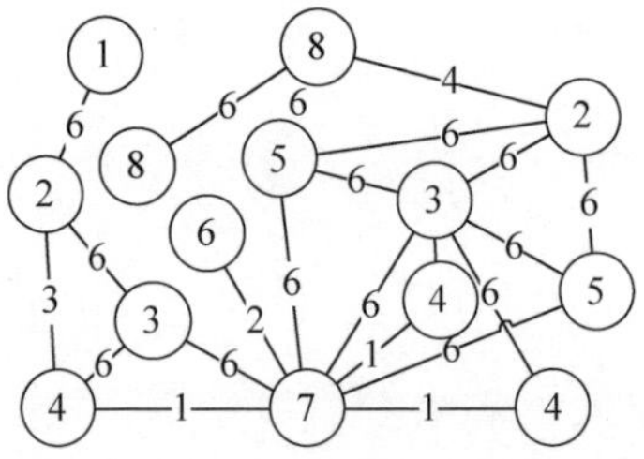	

续表

ID	通用结构	装配体模型
G_7 频繁度：2/5=0.4 包含于减速器 1，5	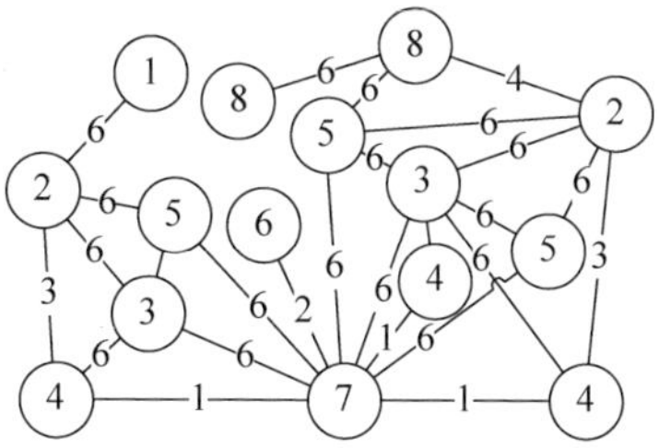	
G_8 频繁度：2/5=0.4 包含于减速器 2，4	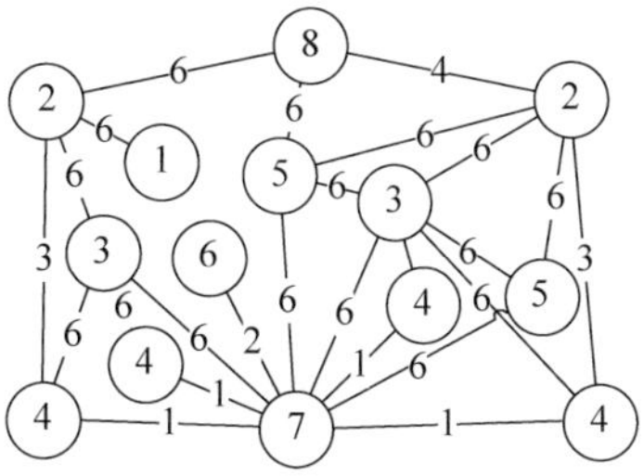	
G_9 频繁度：2/5=0.4 包含于减速器 4，5	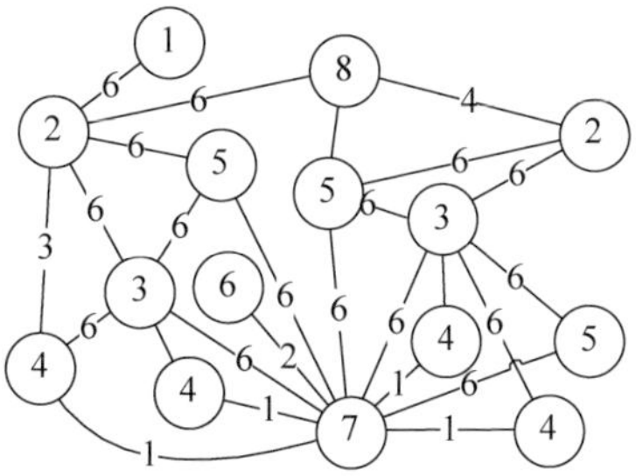	
G_{10} 频繁度：2/5=0.4 包含于减速器 4，5	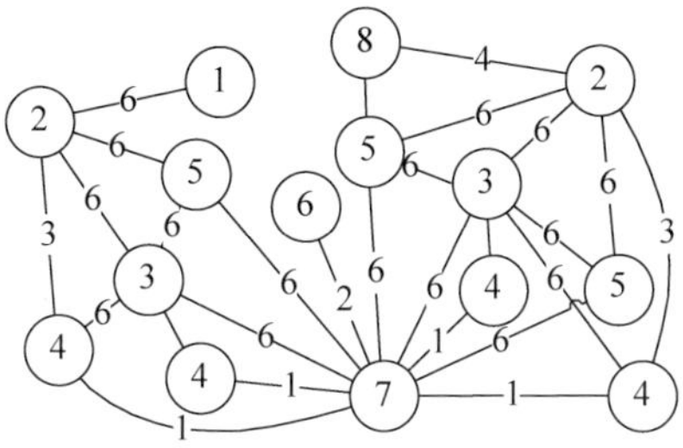	
G_{11} 频繁度：2/5=0.4 包含于减速器 3，5	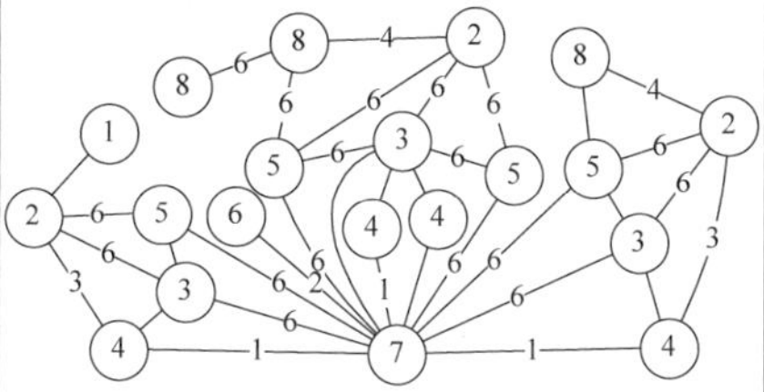	

参考文献

[1] REGLI W C,SPAGNUOLO M. Introduction to shape similarity detection and search for CAD/CAE applications[J]. Computer-Aided Design,2006,38(9):937-938.

[2] HUANG R,ZHANG S,BAI X,et al. An effective subpart retrieval approach of 3D CAD models for manufacturing process reuse[J]. Computers in Industry,2015,67(C):38-53.

[3] ELMEHALAWI M,MILLER R A. A database system of mechanical components based on geometric and topological similarity. Part Ⅰ: Representation[J]. Computer Aided Design London Butterworth Then Elsevier,2003,35(1):83-94.

[4] AGGARWAL C C,REDDY C K. Data clustering: algorithms and applications[M]. New York: CRC Press,2013.

[5] 陈安,陈宁,周龙骧. 数据挖掘技术及应用[M]. 北京:科学出版社,2006.

[6] INOKUCHI A. An apriori-based algorithm for mining frequent substructures from graph Data. [C]//Proceedings of the 4th European Conference on Principles and Practice of Knowledge Discovery in Databases,Lyon,France. Berlin: Springer,2000.

[7] AGRAWAL R, SRIKANT R. Fast Algorithms for Mining Association Rules in Large Databases: Proceedings of the 20th International Conference on Very Large Data Bases [C]//Santiago de Chile,Chile. Piscataway: IEEE Press,1994.

[8] 王新宇,杜孝平,谢昆青. FP-growth 算法的实现方法研究[J]. 计算机工程与应用,2004,(9):174-176.

[9] 陈安龙,唐常杰,陶宏才,等. 基于极大团和 FP-Tree 的挖掘关联规则的改进算法[J]. 软件学报,2004,15(8):1198-1207.

[10] YAN X,HAN J. gSpan: Graph-based substructure pattern mining[C]//Proceedings of the 2002 IEEE International Conference on Data Mining. Piscataway: IEEE Press,2002.

[11] 王艳辉,吴斌,王柏. 频繁子图挖掘算法综述[J]. 计算机科学,2005,32(10):193-196.

[12] 胡冠章. 计算组合学和计算图论[J]. 数学的实践与认识,1989,3:76-79.

[13] INOKUCHI A,WASHIO T,MOTODA H. Complete mining of frequent patterns from graphs: Mining graph data[J]. Machine Learning,2003,50(3):321-354.

[14] AGRAWAL,NATARAJAN S. Mining quantitative association rules in large relational tables[J]. ACM SIGMOD,1996:1-12.

[15] YE N,ZHU D M,ZHANG Q Q,et al. A fast algorithm of constrained longest common subsequence[J]. Journal of Nanjing University(Natural Sciences),2009,5: 576-584.

[16] HUAN J,WANG W,PRINS J. Efficient mining of frequent subgraphs in the presence of isomorphism[C]//Third IEEE International Conference on Data Mining. Melbourne, USA. Piscataway: IEEE Press,2003: 549-552.

第7章

基于广义面邻接图的装配体通用结构发掘

7.1 引言

在装配体和零件形状区分粒度较高的应用场景，采用属性邻接图对模型进行描述可能存在一定的局限性。此时，通用结构发掘方法的重点集中在如何对模型对象包含的形状及其相关信息进行量化描述，即将三维欧式空间中的几何信息有效转换为一种便于量化比较的数据结构。本章在 Ma 等[1]提出的装配体模型广义面邻接图的基础上，通过引入配合面偶(mating face pair，MFP)的概念定量描述抽象连接的配合面，进而建立一种考虑零件形状特征、零件之间的配合面区域特征以及拓扑关系的装配体通用结构发掘方法。

本章具体思路如图 7-1 所示：首先，围绕零件个体及其配合约束信息，构建一种装配体模型的广义面邻接图；其次，分别建立零件形状和配合约束形状的定量描述方法，实现装配体模型信息的量化描述；最后，在装配体广义面邻接图的基础上，从形状的角度分析装配体的相似性，并利用子图同构算法挖掘装配体集合中的通用结构。

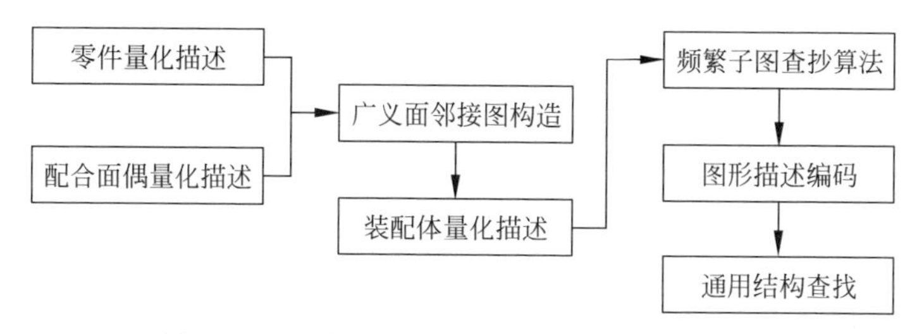

图 7-1　基于广义面邻接图的通用结构发掘思路

7.2 融合形状特征的广义面邻接图构建

机械工程领域的零件模型通常是由几个简单的面元素组合而成的不封闭区域，其所构成的形状特征是零件的重要信息，也是后续装配体通用结构发掘中判断零件相似的重要依据。如图 7-2 所示的燕尾槽由三个面组成,两个侧面各自与底面通过边连接成一定的角度,且同类型零件的底角角度差异很大。因此,零件形状特征较难用一种相对简单的形式进行定量描述,最主要的问题存在于两个零件之间的抽象连接关系,因为它们不像零件一样具体,无法轻易地定量捕捉。

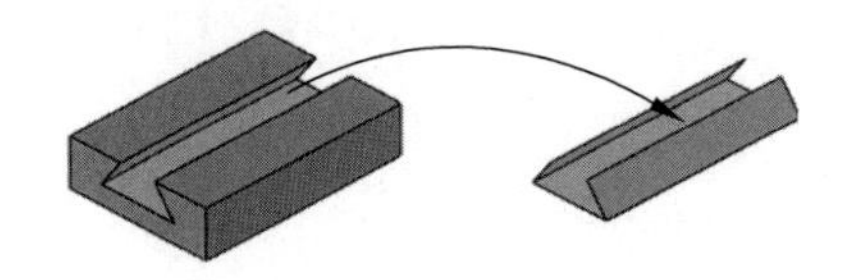

图 7-2 零件的形状特征

文献[1]利用零件模型中面的形状信息和面之间的拓扑信息建立了面邻接图的描述方法,该方法在零件自身的几何信息和拓扑结构的基础上,能够较好地量化描述零件的形状特征。本章内容受到上述思路的启发,将面向零件模型的面邻接图拓展为面向装配体模型的广义面邻接图。

7.2.1 广义面邻接图的定义

形状特征由零件自身的形状信息,以及零件之间的拓扑关系决定。零件自身的形状信息包括构成零件的几何面信息和几何边信息;而零件之间的拓扑关系与零件配合方式相关,配合约束是一种几何性质上的约束,因此,广义面邻接图的构建重点是对捕获的几何信息进行量化处理。

定义 7-1 广义面邻接图(generic face adjacentgraph,GFAG):图 $G=\{P,L,A\}$,其中 P 为节点集,L 为边集,A 为形状属性集合。节点集 $P=\{p_1,p_2,\cdots,p_n\}$中的元素 p_i 为装配体模型中的零件,图 G 的边集 $L=\{l_1,l_2,\cdots,l_m\}$中的元素 l_j 对应于零件之间的配合关系,$A=\{A(P),A(L)\}$,$A(P)$为零件的形状属性,$A(L)$为配合关系的形状属性。

广义面邻接图将零件作为节点,零件之间的配合关系作为边,从形状特征描述的角度建立如图 7-3 所示的装配体模型信息表达和量化方法。该图首先通过零件几何面和几何边的形状参数来量化零件信息,然后依托 MFP 实现零件之间配合关系的定量描述。对应于零件模型中的几何面和边,广义面邻接图将装配模型中的零件和连接关系分别转换为通用面和通用边。为了使广义面邻接图具有更高的识别能力,利用图中节点的形状参数来捕获一个零件及与其配合零件的几何信息,同时通过 MFP 的形状参数定量描述零件间的连接关系,将装配体模型映射到一个二维坐标系统。

7.2.2 曲率区域的表示

曲线或曲面的曲率信息是计算机图形学、形状分析、几何建模和散乱点云数据处理[2]等应用领域中经常利用的重要信息之一。例如,Ratnakar Sonthi 等[3]提出

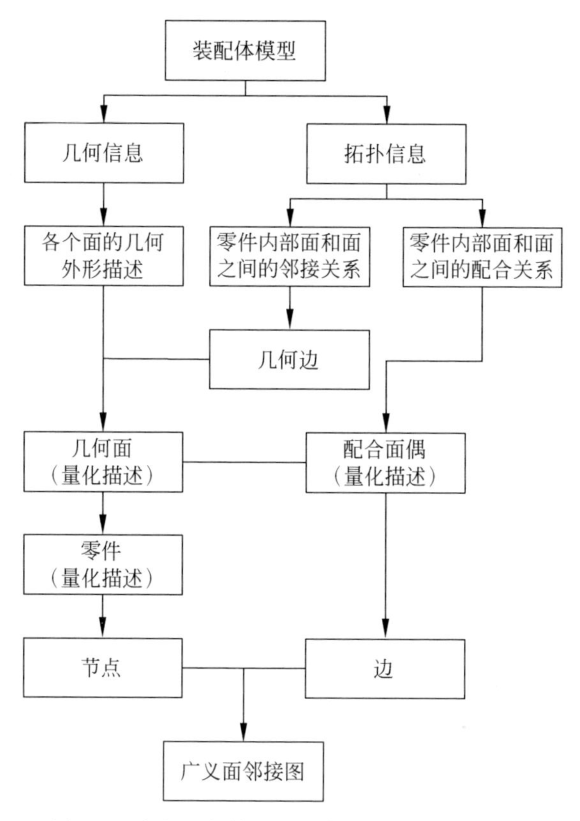

图 7-3　广义面邻接图形状信息量化过程示意图

通过曲率区域技术(curvature region representation,CR-rep)完成三维模型特征识别,该技术可方便地描述实体模型的几何信息。Lujie Ma 等[4]提出通过曲率区域技术将 B-rep 模型转换为面邻接图(face adjacent graph,FAG),以实现对三维模型的二维描述。在这些应用中,曲线或曲面上的点通常是由相同类型的点聚集组成,通过曲率区域[5](curvature region,CR)表示技术可以获取曲线和曲面的几何外形特征。本章主要在考虑曲率变化的基础上,利用曲率区域表示来量化几何信息,下面对三维模型中曲面上的曲率进行讨论分析。

曲面上一点的标准曲率随曲面该点处的切线方向变化,为了衡量曲面间的差异,可以将给定点的最大和最小曲率值作为该曲面的主曲率。图 7-4 表示了面和面上点 P 的主曲率,两个主曲率方向总是相互垂直的。

如果 P 点指向曲率圆中心的矢量与该点处的法线方向相反,则定义点 P 的主曲率为负,采用符号“－”表示(见图 7-4(b));同样,如果从 P 点指向曲率圆中心的矢量与该点处的法线方向相同,则定义点 P 的主曲率为正,采用符号为“＋”表示(见图 7-4(c));如果 P 点处曲率圆的半径无穷大,则定义该点处的主曲率为“0”。

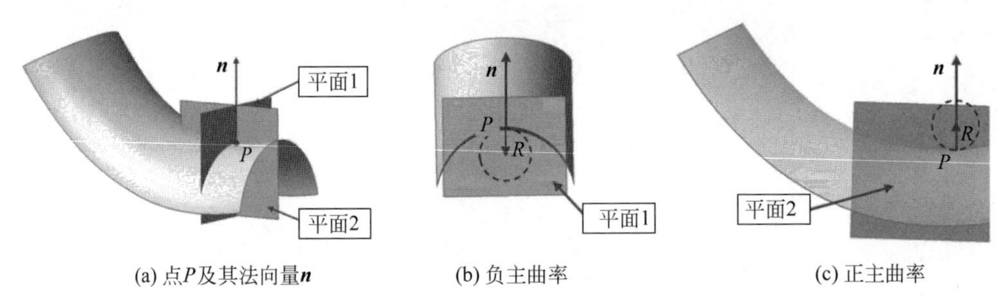

(a) 点P及其法向量$\boldsymbol{n}$　　(b) 负主曲率　　(c) 正主曲率

图 7-4　曲面上点的主曲率：($\boldsymbol{n}$ 为法向量，R 为曲率半径)

曲率区域表示技术利用主曲率的符号(+，−或 0)定义原始形状，P 点处的曲率类型用一组曲率符号 $[c_{max}, c_{min}]$ 来表示，其中 c_{max} 表示最大主曲率 k_{max} 的符号，c_{min} 表示最小主曲率 k_{min} 的符号。根据 $[c_{max}, c_{min}]$ 的组成，设定不同类型的点的量化属性 $\tau=(\lambda_1, \lambda_2)$。任何曲线和曲面都可分为数块由相同类型的点聚集成的区域，点区域类型和其量化表示如表 7-1 所示：

表 7-1　点的区域类型及其量化表示

区域类型	曲率符号 $[c_{max}, c_{min}]$	量化表示 $\tau=(\lambda_1, \lambda_2)$	示例
纯凹形区域 1	[+,+]	(0,1)	
纯凹形区域 2	[+,0]/[0,+]	(0,1)	
马鞍形区域	[+,−]/[−,+]	(1,1)	
纯凸型区域 1	[−,−]	(1,0)	
纯凸型区域 2	[0,−]/[−,0]	(1,0)	
平面型区域	[0,0]	(0,0)	

7.2.3 几何面和几何边的信息量化

一个曲面的特征可以根据其包含不同类型点的概率分布来描述。假设在一个面上有 m 个采样的点，其中有 m_1 个(0,0)类型点，m_2 个(1,0)类型点，m_3 个(0,1)类型点，m_4 个(1,1)类型点，它们对应的概率为 $p_i = m_i / m\ (i=1,2,3,4)$。这样，面 f 可以用两个参数 $p(f)=(p_x, p_y)$ 来描述，计算公式如下：

$$\begin{cases} p_x = \sum_{i=1}^{4} p_i \lambda_{1,i} \\ p_y = \sum_{i=1}^{4} p_i \lambda_{2,i} \end{cases} \tag{7-1}$$

与几何面的量化方法类似，几何边也可以由其中点的分布情况进行描述。在三维模型中，边 e 上任一点 d 处的二分角 θ，是指该点邻接面的切平面之间的夹角，能够体现边周围的模型区域的形状信息。按照二分角的不同，可将边上的点分为3种类型，通过两个参数 $\tau_e = (\lambda_e^1, \lambda_e^2)$ 来表示：

$$\tau_e = \begin{cases} (0,0)\theta = 180^\circ \\ (0,1)\theta > 180^\circ \\ (1,0)\theta < 180^\circ \end{cases} \tag{7-2}$$

因此，两个邻接面 f_i 和 f_j 之间的边 e 也可以通过两个参数 $p_e(f_i, f_j) = (p_{e,x}, p_{e,y})$ 来描述，利用边上不同类型点的概率分布来计算这两个参数：

$$\begin{cases} p_{e,x} = \sum_{i=1}^{3} p_i \lambda_{e,i}^1 \\ p_{e,y} = \sum_{i=1}^{3} p_i \lambda_{e,i}^2 \end{cases} \tag{7-3}$$

7.2.4 装配体零件的形状参数量化

为了使广义面邻接图的节点能较好地表示零件的形状特征，可以在节点上附加某些属性或局部形状参数。零件由几何面通过几何边以特定的角度连接而成，为了更好地对零件的几何特征进行描述，计算零件中某个面的几何信息时，应当考虑二分角和面的类型，以及邻接面的几何信息。为了便于描述面的类型，可使用 $T(f)$ 对不同类型面的数值做出定义，如表7-2所示：

表 7-2　面的类型定义

$T(f)$	1	2	3	4	5	6
面的类型	平面	圆柱面	圆锥面	球面	圆环面	自由曲面

几何面的形状参数 $A(v_i)=(x, y)$ 定义如下：

$$\begin{cases} x_f = \sum_{i=1}^{n} \varepsilon_i \left[p_x(f) + p_{e,x}(f, f_i) \right] \left[p_x(f_i) + p_{e,x}(f, f_i) \right] \\ y_f = \sum_{i=1}^{n} \varepsilon_i \left[p_y(f) + p_{e,y}(f, f_i) \right] \left[p_y(f_i) + p_{e,y}(f, f_i) \right] \end{cases} \tag{7-4}$$

式中：f_i 表示当前面 f 的邻接面，n 是邻接面的数量；$\varepsilon_i = T(f)T(f_i)/\theta(f, f_i)$；$T(f_i)$为描述面 f_i 的类型的整数，$\theta(f, f_i)$表示面 f 和 f_i 之间的平均二分角，$p(f)$和 $p_e(f, f_i)$如上节所定义。

零件模型最终由若干个几何面组成，因此可以用其中所有几何面形状参数的算术平均值来描述零件。本书在此处采用 $A(p)=(x, y)$创建从广义面邻接图中零件节点到二维坐标系统的映射，其计算公式如下所示：

$$\begin{cases} x_p = \sum_{i=1}^{n} \dfrac{x_{f,i}}{n} \\ y_p = \sum_{i=1}^{n} \dfrac{y_{f,i}}{n} \end{cases} \tag{7-5}$$

式中：n 表示零件中几何面的数目；$x_{f,i}$ 和 $y_{f,i}$ 表示第 i 个几何面的形状参数，由式(7-4)计算。

7.2.5 零件间配合信息的量化

通常，零部件之间的装配关系体现为面和面相配合，为了定量描述抽象连接的配合面，本章引入 MFP 的概念对其进行量化。装配体模型中零件的边界面依据其是否具有装配约束可分为配合面和自由面两类，配合面是指装配体模型中存在配合关系的零件模型边界面；自由面是在装配体模型中没有配合关系的模型边界面。装配体模型中的配合面主要包括平面、柱面、锥面、球面和环面等类型，其中平面和柱面最常见。图 7-5 举例说明了装配体模型中零部件之间的配合关系和 MFP。

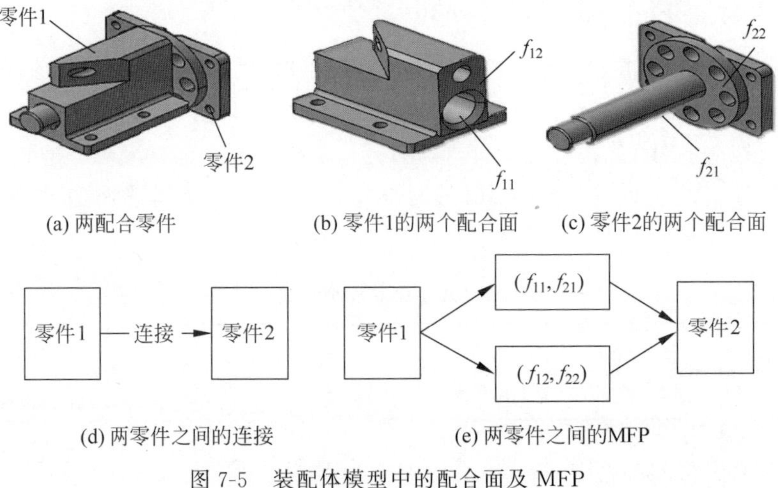

图 7-5 装配体模型中的配合面及 MFP

MFP 由两个零件 p_1 和 p_2 上具有配合关系的面 f_1 和 f_2 组成。在几何面信息量化描述的基础上，利用式(7-5)可计算出零件模型中任意几何面的形状参数。为不增加计算复杂度，采用形状参数的算术平均值并考虑配合类型来计算 MFP 的形状参数，具体如下：

$$\begin{cases} x_m = \dfrac{x_{f_1} + x_{f_2}}{2}\gamma \\ y_m = \dfrac{y_{f_1} + y_{f_2}}{2}\gamma \end{cases} \tag{7-6}$$

式中：γ 表示 MFP 的类型，数值约定如下：$\gamma=1$ 表示重合 MFP；$\gamma=2$ 表示接触 MFP；$\gamma=3$ 表示平移 MFP；$\gamma=4$ 表示转角 MFP；x_{f_i} 和 y_{f_i} 为配合面的形状参数，由式(7-4)计算。

MFP 可以反映装配体模型中零件之间的配合面信息，但描述时考虑越多的细节，模型描述的复杂性也越高，尤其当装配体模型中零件很多时，可能有两组甚至两组以上 MFP 存在，这些将极大地增加装配体模型形状特征分析的难度。因此，本章综合考虑两个零件之间的所有 MFP，使用复合 MFP 将两零件之间的多种连接转换为一个连接，从而将复合 MFP 视为通用边，对应面邻接图中的几何边。通过上述讨论，此处给出两个零件之间的所有 MFPA(l)的综合计算公式，如下：

$$\begin{cases} x_M = \sum\limits_{i=1}^{n} \dfrac{x_{f_i,1} + x_{f_i,2}}{2n}\gamma \\ y_M = \sum\limits_{i=1}^{n} \dfrac{y_{f_i,1} + y_{f_i,2}}{n}\gamma \end{cases} \tag{7-7}$$

式中：n 表示两个零件之间 MFP 组数，其他字符含义同式(7-6)。

7.2.6　装配体描述符构建

经过上述的处理步骤，装配体中所有零件形状信息和零件之间的配合面信息统一地用二维向量进行表征，在此基础上装配体模型的 GFAG 便可以表示为一个图 $G=(V,E)$，其中 $V=(v_1,v_2,\cdots)$中的节点 v_i 表示装配模型中的零件，$E=(e_1,e_2,\cdots)$中的 e_i 表示两个零件的 MFP。将装配模型中的抽象连接关系转换为可度量的实体，从而实现装配模型中零件和连接关系信息的一致性量化。

在式(7-5)中，由于装配体模型的 GFAG 的零件节点 v_i 由两个形状参量来确定($A(v_i)=(x,y)$)，因此可以在二维坐标系中建立节点之间的映射关系。然而，仅用一个零件的形状参数将其映射到二维坐标系中，即 $A(v_i)=A(p)$，很可能使一个装配体模型的许多相似零件共享一个相同的形状参量。为了保证 GFAG 具有更高的识别能力，本章利用当前零件和与之配合的零件信息来计算 GFAG 中当前节点的形状参量，重新定义 $A(v_i)=(x,y)$计算过程如下：

$$\begin{cases} x_v = \sum_{i=1}^{n} [x_p + x_{p,p_i}][x_{p_i} + x_{p,p_i}] \\ y_v = \sum_{i=1}^{n} [y_p + y_{p,p_i}][y_{p_i} + y_{p,p_i}] \end{cases} \tag{7-8}$$

式中：n 为对应于装配体模型中与当前零件配合的零件的节点总数；p_i 表示零件 p 的第 i 个配合零件；x_p，y_p 表示零件形状参数，由式(7-5)计算得到；x_{p,p_i}，y_{p,p_i} 表示 MFP 形状参数，由式(7-7)计算得到。

根据式(7-8)，装配体模型的 GFAG 的每个零件节点均由两个形状参数确定，可以将装配体模型映射到二维坐标系统中，在坐标平面上绘制 GFAG。如图 7-6 中节点代表装配体模型中的零件，节点之间的连线表示 MFP，节点的横纵坐标值表示一个零件节点(x_v，y_v)。与其他装配体的图描述模型相比，图中所示的 GFAG 具有以下特征：

(1) 由式(7-8)计算得到的 GFAG 中的每个节点仅与二维坐标系中的一个点唯一对应。当前，多数方法在对装配体进行表达时，往往一个节点对应于二维坐标系中的一个任意点。与之相比，GFAG 可以用二维坐标唯一确定一个装配体模型的拓扑结构，这提高了形状比较的准确性。

(2) 此方法可以对 GFAG 中的边进行量化描述，并将捕获到的零件之间的配合关系信息直接集成到 GFAG 的节点中。通过对配合关系的量化描述，GFAG 以一致的描述方式来捕获模型中零件之间的关系。在现有的模型信息表示方法中，零件和零件之间的关系信息通常使用不同的方法来描述，这在一定程度上会增加模型信息比较的空间和时间开销。

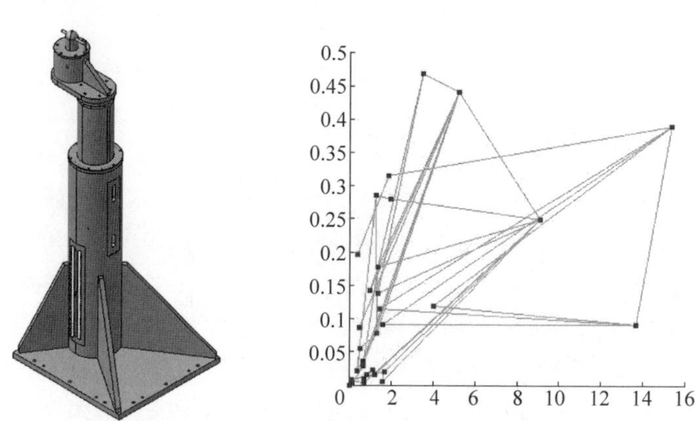

图 7-6　装配体模型及其广义面邻接图

综上所述，GFAG 可以对装配体模型拓扑和几何信息实现一致性的量化描述，从而为装配体模型通用结构的发掘提供基础。此外，GFAG 的量化计算方法复杂度较低，可以很直观地分辨模型的节点与边，同时能够利用节点和边的信息来生成图形描述编码，便于判断频繁子图结构[1]。

7.3 广义面邻接图上的通用结构挖掘

7.3.1 广义面邻接图的简化处理

任意给定两个装配体模型，它们之间的通用结构可以通过查找两个广义面邻接图中的公共部分获得。查找最大公共子图属于子图同构问题，随着图的节点数的增加，计算时间会指数级增长，若能降低广义面邻接图中的节点数量，则可以降低计算复杂度、提高算法效率。因此，在进行子图同构计算之前，本章从两方面对预比较的广义面邻接图做出局部剪枝：首先，根据装配体模型的结构特征，筛选剪枝部分不满足筛选条件的边和节点；其次，根据装配体模型的连通性要求，将待比较广义面邻接图转换为多个互不相连的子图，对子图进行比较，可以有效降低比较规模。

7.3.1.1 匹配性检查

给定装配体模型 A^1 与装配体模型 A^2，各自对应广义面邻接图为 $G^1=(V^1,E^1)$ 与 $G^2=(V^2,E^2)$，此处假设 A^2 的零件数不小于 A^1。在装配体模型 A^1 中，若零件 v_i^1（或配合关系 e_i^1）属于装配体 A^1 和 A^2 的相同局部结构，则在装配体 A^2 中必然存在零件 v_j^2（或配合关系 e_i^2）与其匹配。因此，若在装配体 A^2 中，任意零件（或者配合关系）均与零件 v_i^1（或配合关系 e_i^1）不匹配，则零件 v_i^1（或配合关系 e_i^1）必不属于两装配体的相同结构，可以在搜索中剔除。根据以上分析，本节在频繁子结构生成之前提出以下两种剪枝步骤，从而降低图分析的复杂性。

(1) 基于节点的筛选

一般来说，广义面邻接图中边的个数大于顶点的个数，因此先对节点进行匹配性检查。取 $v_i^1 \in V^1(i=1,2,\cdots,m,m$ 为 G^1 中节点的个数），遍历广义面邻接图 G^2 的每个节点 $v_j^2, v_j^2 \in V^2(j=1,2,\cdots,n,n$ 为 G^2 中节点的个数），查找与节点 v_i^1 形状参数相同的节点。如果存在节点 v_j^2 与 v_i^1 参数相同，则将 v_i^1 放入集合 P^1 中，将 v_j^2 放入集合 P^2 中；如果在 V^2 中没有与节点 v_i^1 参数相同的节点，则装配体 A^2 中不含有与 v_i^1 相匹配的节点。根据集合 P^1 和 P^2 中的节点，重新对 G^1 和 G^2 中的节点进行筛选，去掉无法匹配的节点和与节点相连的边，完成基于节点筛选的剪枝。筛选过程的示例如图 7-7 所示，其中不同的形状代表节点的形状参数不同。其中左图装配体中的 6 号零件与右图装配体中的 7 号零件形状不同，因此在生成频繁子结构的过程中将两个零件剔除。

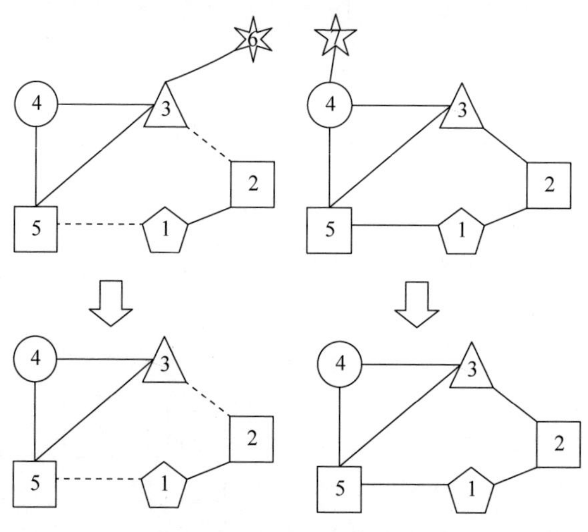

图 7-7　基于节点的筛选过程

(2) 基于边的筛选

取 $e_i^1 \in E^1(i=1,2,\cdots,m',m'$为$G^1$ 中边的个数),遍历广义面邻接图 G^2 的每个边 $e_j^2, e_j^2 \in E^2(j=1,2,\cdots,n',n'$为$G^2$ 中边的个数),在 E^2 中查找与 e_i^1 值相同的所有的边。如果存在边 e_j^2 与e_i^1 参数相同,则将 e_i^1 放入集合L^1 中,将e_j^2 放入集合 L^2 中;如果在 E^2 中没有与 e_i^1 参数相同的边,则装配体 A^2 中不含有与 e_i^1 相匹配的配合关系。根据集合 L^1 和 L^2 中的边,重新对 G^1 和 G^2 中的边进行筛选,去掉无法匹配的边以及与边相连的节点,完成基于边筛选的剪枝。筛选过程的示例如图 7-8 所示,其中装配体 A^1 中的 2 号零件与 3 号零件的配合关系、1 号零件与 5 号零件的配合关系无法在装配体 A^2 中找到对应的,因此将这两个配合关系在子图匹配中删除,得到 $A^{1'}$对应的广义面邻接图。

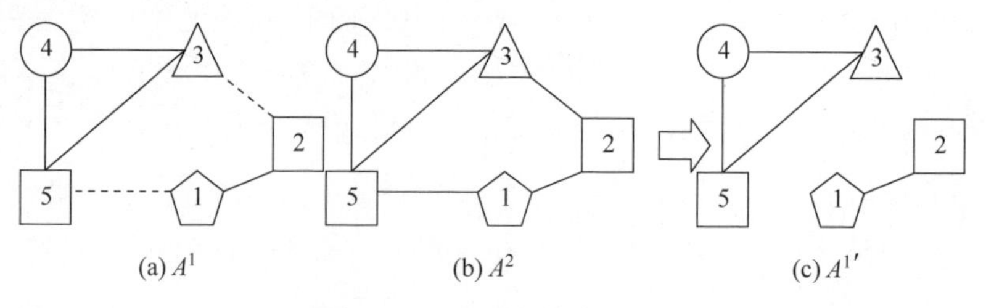

图 7-8　基于边的筛选过程

7.3.1.2　子图连通性检查

通过上述的剪枝规则,能够过滤明显不满足匹配条件的边和节点,进而有效降低待比较图的规模,但是对应的图可能不具有连通性,而图同构的分析要求输入的图是连通的。因此,本节通过求解其邻接矩阵的可达矩阵来检查图的连通性,并判断剪枝处理后自然生成的子图。具体过程如下：

步骤1：输入简化后的广义面邻接图的邻接矩阵 $\boldsymbol{M}$；

步骤2：计算可达矩阵 $\mathbf{MR}=\boldsymbol{M}^1+\boldsymbol{M}^2+\cdots+\boldsymbol{M}^n$，$n$ 为零件总数；

步骤3：判断可达矩阵 $\mathbf{MR}$ 是否有元素为0。如果所有元素都不为零，则装配体模型是完整的；否则，根据0元素的分布，生成子图(对应子装配体)。

如图7-8(b)所示的图结构，其对应的邻接矩阵和可达矩阵为

$$\boldsymbol{M}_1=\begin{bmatrix}0&1&0&0&1\\1&0&1&0&0\\0&1&0&1&1\\0&0&1&0&1\\1&0&1&1&0\end{bmatrix}\quad \mathbf{MR}_1=\begin{bmatrix}15&26&24&23&35\\26&15&35&23&24\\24&35&38&36&49\\23&23&36&28&36\\35&24&49&36&38\end{bmatrix}$$

可达矩阵中的所有元素都非零，任意节点之间都有通路相连，则该图为连通图，说明对应装配体是一个完整的结构。将图7-8(b)中的连接点1和点5的边以及连接点2和点3的边去除后如图7-8(c)所示，该结构由两部分组成，点1与点2连接为完整的子装配体，点3、点4与点5相互连接为完整的子装配体，其对应的邻接矩阵和可达矩阵为

$$\boldsymbol{M}_2=\begin{bmatrix}0&1&0&0&0\\1&0&0&0&0\\0&0&0&1&1\\0&0&1&0&1\\0&0&1&1&0\end{bmatrix}\quad \mathbf{MR}_2=\begin{bmatrix}2&3&0&0&0\\3&2&0&0&0\\0&0&20&21&21\\0&0&21&20&21\\0&0&21&21&20\end{bmatrix}$$

由可达矩阵 $\mathbf{MR}_2$ 可看出，子装配体内节点间所对应的矩阵元素均非零，而子装配体间节点间所对应的元素均为零，由此实现连通性检查。通过连通性检查，在保留相同局部结构的基础上，将原装配体模型简化为由多个子装配体组成的集合 $A^1=\{A_1^1,A_2^1,\cdots\}$ 与 $A^2=\{A_1^2,A_2^2,\cdots\}$，相应的广义面邻接图转换为对应的子图集 $G^1=\{g_1^1,g_2^1,\cdots\}$ 与 $G^2=\{g_1^2,g_2^2,\cdots\}$。

7.3.2 频繁子图结构的查找

本章在文献[1]的基础上建立频繁子图查找算法：首先，通过直接合并初始子图的方式生成候选子图，针对过程中冗余的候选子图，在算法中增加一个删减步骤来控制生成的子图数量；然后，利用图形描述编码判断当前候选子图是否已经存在于频繁子图集合中，如果存在则跳过该候选子图，实现进一步的剪枝。频繁子图结构查找的具体步骤描述如下：

算法：频繁子图结构查找算法

输入：装配体模型 A^1 和 A^2

输出：输出 G^K 中的所有频繁子图集合

---

(1) 广义面邻接图生成子图集 $G^1=\{g_1^1, g_2^1, \cdots\}$, $G^2=\{g_1^2, g_2^2, \cdots\}$；

(2) 选择具有不同参数，且在 G^1 和 G^2 中均出现的节点形成最初的候选子图系列 $G^0=\{g_1^0, g_2^0, \cdots\}$，使 $k=0$；

(3) 重复以下步骤直至 $G^K=\varnothing$；

(4) 对于 G^K 中任意两个子图 g_i^k 和 g_j^k，确认 $Q=\{g_{i_1}, g_{i_2}, \cdots\}\subseteq G^1$ 且 $Q=\{g_{i_1}, g_{i_2}, \cdots\}\subseteq G^2$ 包含子图 g_i^k 和 g_j^k；

(5) 对于 Q 中每个 g'，如果在 g' 中，g_i^k 和 g_j^k 之间存在联系，那么将它们合并成一个候选子图 g_i^{k+1}，放入空候选集 CG 中，并生成其描述码；

(6) 对于 CG 中的图 g_i^{k+1}，如果存在其他图与其相同，或是其他图的某个子图，则删除该图；

(7) 计数具有相同描述码的子图，如果数量不少于 2，则将其放到 G^{K+1} 中；

(8) $k=k+1$；

(9) 输出 G^K 中的所有图。

7.3.2.1 候选子图的生成

找出两个图中所有匹配的子图是计算图相似性的基础，文献[1]采用直接合并的方法生成候选子图，对于一个图 g 的两个子图 g_i^k 和 g_j^k，如果满足下面两条规则则可以直接合并。

(1) 它们有相同的节点(如图 7-9 所示)；

(2) 它们由一些相同的边连接而成(如图 7-10 所示)。

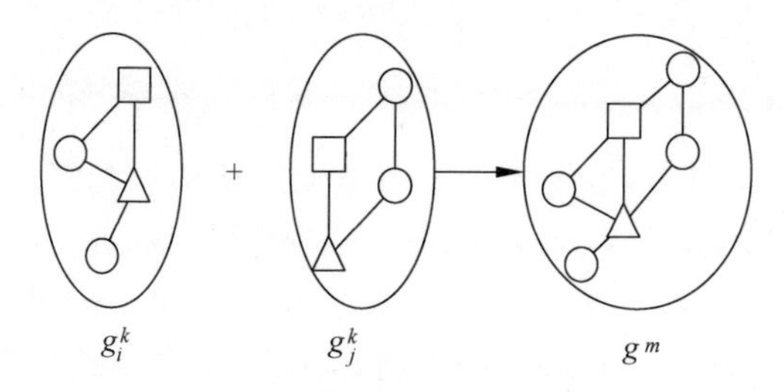

图 7-9 具有相同节点的图合并

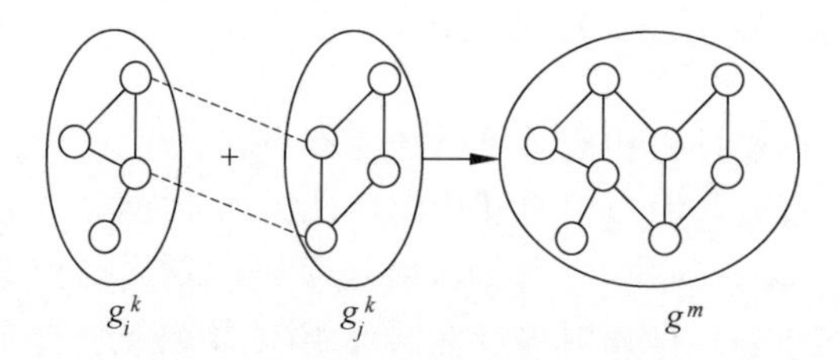

图 7-10 由相同直线连接的图合并

合并步骤能够有效提高算法效率，但同时也存在一个问题：相比于规则 2，规则 1 很容易满足，在这种情况下，按照规则 1 生成的图有可能是按照准则 2 生成的图的子图，而算法在每一次迭代的时候都会有相同的候选子图生成。因此，在候选子图生成的过程中引入一个删减步骤，算法中合并后的子图不再直接用作候选图，而是先放进一个空候选集中，然后对于该集合中的每幅图，若其满足以下两条件之一，则剔除：

（1）集合中存在其他图与该图相同；

（2）该图为集合中某图的子图。

经实践证明，删减步骤不会增加查找算法的复杂度，而且在实际应用中还能提高算法效率。

7.3.2.2　图形描述编码

将所有节点按二维坐标进行排序，利用一个整数标号来代表对应形状参数的位置，而具有相同形状参数的节点则属于同一个集合，可生成面邻接图描述编码：

$$C(g)=C_1C_{1,2}C_{1,3}\cdots C_{1,n}\cdots C_iC_{i,i+1}\cdots C_{i,n}\cdots C_n \tag{7-9}$$

式中：$C_i(i=1,2,\cdots,n)$表示节点集的描述编码；$C_{i,j}(i=1,2,\cdots,n;\ j=i+1,i+2,\cdots,n)$表示两节点集之间连接关系的描述编码，具体如下：

$$C_i=n_{v,i}L_{v,i}n_{e,1}L_{e,1}n_{e,2}L_{e,2}\cdots n_{e,m}L_{e,m} \tag{7-10}$$

$$C_{i,j}=n_{e,1}L_{e,1}n_{e,2}L_{e,2}\cdots n_{e,w}L_{e,w} \tag{7-11}$$

式中：$n_{v,i}$为第i节点集的节点个数；$L_{v,i}$为该节点集的节点标号，$L_{e,m}$和$n_{e,m}$分别为该集合内节点连接线标号和标号为$L_{e,m}$的连接线个数；$L_{e,w}$和$n_{e,w}$分别为两节点集之间连接线标号和标号为$L_{e,w}$的连接线个数。

C_i和$C_{i,j}$中的连接线标号均按照标号的十进制值升序排列。依据上述方法，图7-11(a)的图描述编码如图7-11(b)和图7-11(c)所示。

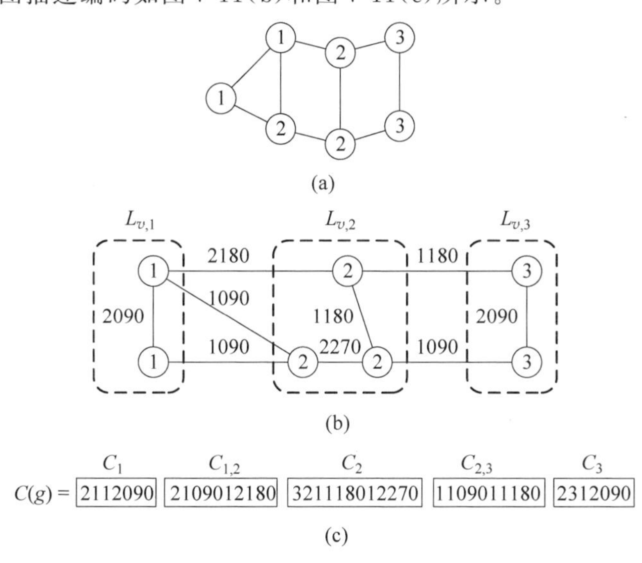

图7-11　图形描述编码

上述编码方式能够精确地对不同的图进行区分，但一般只适用于零件模型。面向装配体模型的广义面邻接图的边不是零件模型中的几何边，而是所有 MFP 的复合。因此，改变连接线参数 L_e 的定义即可。本章采用一个 4 位编码的连接线标号 L_e 来表示 MFP，编码从左到右分别表示重合 MFP 数、接触 MFP 数、平移 MFP 数和转角 MFP 数，用 n_i 来代表不同类型 MFP 的个数，具体定义如下：

$$L_e = n_1 n_2 n_3 n_4 \tag{7-12}$$

例如，两个零件之间存在两个重合 MFP、一个接触 MFP，那么这两个零件的复合 MFP 编码为 2100。根据式(7-8)，复合 MFP 的形状参数由综合分析配合关系类型和配合面的形状参数得到，存在可能不同的复合 MFP 计算得到相同的形状参数。通过上述编码方法，仍可以根据不同类型 MFP 的顺序和数量来区分具有相同的形状参量的复合 MFP。

7.4 实例分析

为了验证基于广义面邻接图的通用结构发掘方法的可行性和有效性，本节首先选取一组壁板的卡板工装模型，如图 7-12 所示。

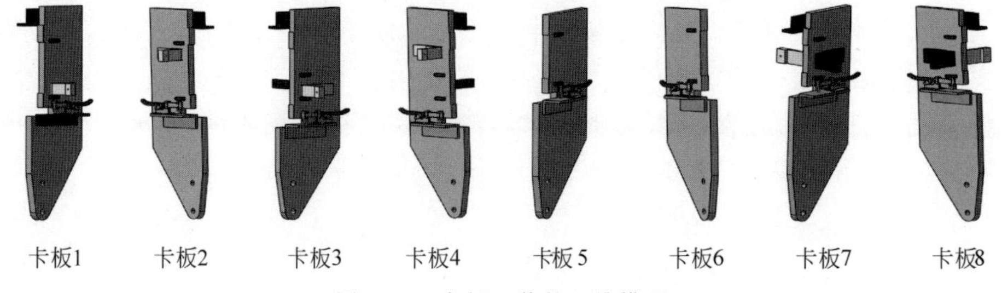

图 7-12　卡板工装的三维模型

7.4.1 广义面邻接图构建

为验证本章所提方法的有效性，首先选取 8 个卡板组件，并建立其广义面邻接图，如图 7-13 所示。通过对装配体模型中的某个零件进行几何边和几何面的参数计算，以及装配体模型中 MFP 的参数计算对装配体模型进行定量描述，并在二维坐标系中构建广义面邻接图描述符：

7.4.2 通用结构发掘

当所有的装配体模型都转换成 GAFG 后，对图集合进行匹配性检查和子图划分，并进行频繁子图结构查找。本章的通用结构挖掘算法在给定临界值的基础上输出频繁子图，然后将子图集合映射为其装配体模型，从而获得通用结构。图 7-13

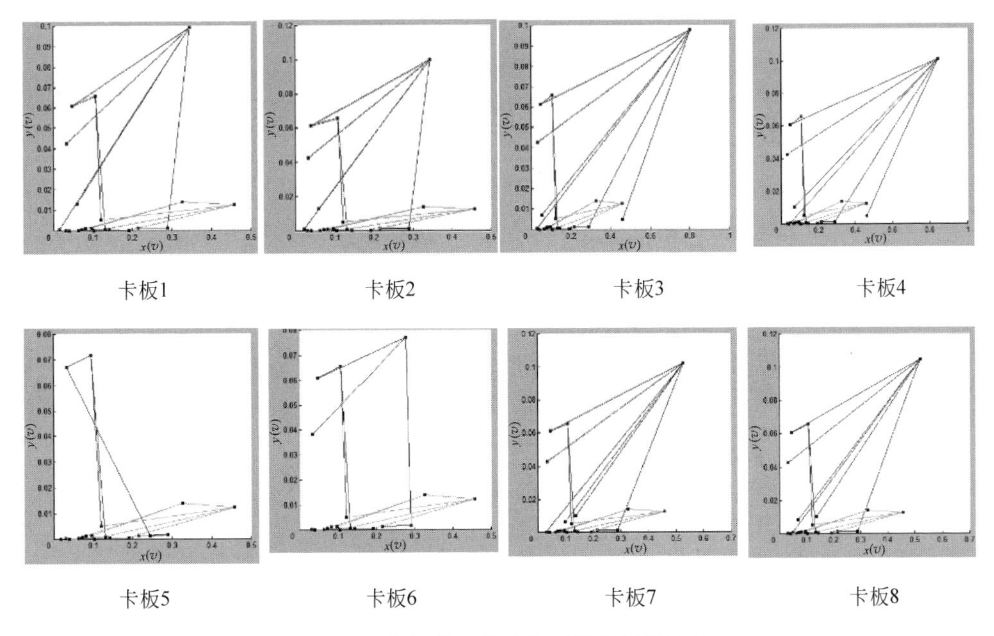

卡板1　卡板2　卡板3　卡板4

卡板5　卡板6　卡板7　卡板8

图 7-13　卡板模型的广义面邻接图描述符

为 8 个装配体模型的广义面邻接图描述符，图 7-14 为所发掘的通用结构，8 组 GFAG 的最大节点数量为 28，平均节点数为 27，频繁子图发掘临界值 $\xi=0.95$。当迭代次数分别为 2 次、3 次、4 次、5 次时，可分别获得 16 个，47 个，235 个，136 个候选频繁子图。图 7-14(a)所示的频繁子图实际上有 16 个节点和 16 个边，由于其中两对节点具有相同的形状参数，所以图中仅 14 个节点和 14 个边可见。

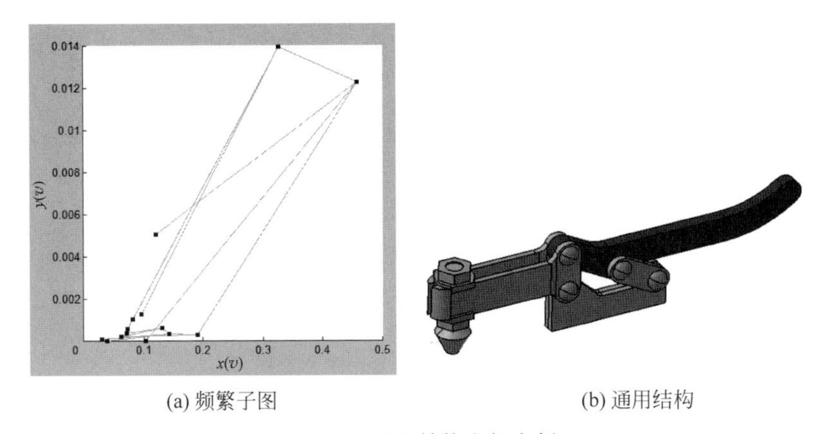

(a) 频繁子图　(b) 通用结构

图 7-14　通用结构发掘实例

7.4.2.1　形状参数准确性分析

图 7-14 的例子说明了将装配体模型转换为 GFAG 以及通用设计结构发掘

算法的可行性，但采样方法对形状的影响尚需进一步分析。采样的基本思路在式(7-5)、式(7-6)和式(7-7)中都有一定程度的体现。此处需要首先讨论采样点的个数对以上3个公式的影响。为此本章开展了3组实验，实验对象分别为简单的零件模型、具有众多微小特征的零件模型和具有自由曲面的零件模型，3组模型的表面个数分别为18，95和32，每组实例均采样10次，采样个数为 $m=200\times i(i=1,2,\cdots,10)$，并取 $m=200$ 时的表面形状尺寸为标准值，观测 m 变化时所获得的表面值与标准值的偏差。结果表明，第一组实验所得值与标准值基本没有偏差；而第二组和第三组实验出现了明显偏差(见图7-15(c)和图7-15(d))，实验表明，采样方法对具有很多微小特征和具有自由曲面的零件并不一定有效。另一点值得注意的是，当 m 逐渐增大时，偏差趋于稳定，这表明可以通过增大样本数 m 来获得稳定的表面取值。为了获得更加精确的结果，本章方法不考虑自由曲面类型零件并且在预处理中尽可能地去除零件的微小特征。在某些领域，例如产品工装设计中，其主要结构通常具有相对较少的微小特征和自由曲面，结合模型表面的预处理可以保证形状描述方法的适用性。

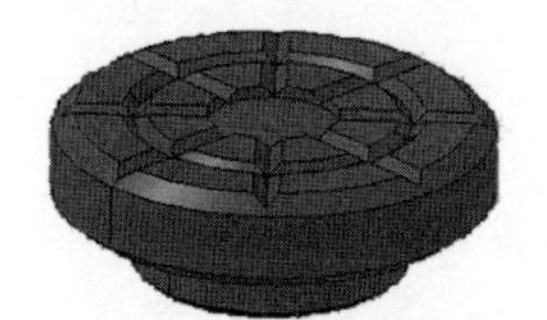
(a) 具有微小特征的零件

(b) 具有自由曲面零件

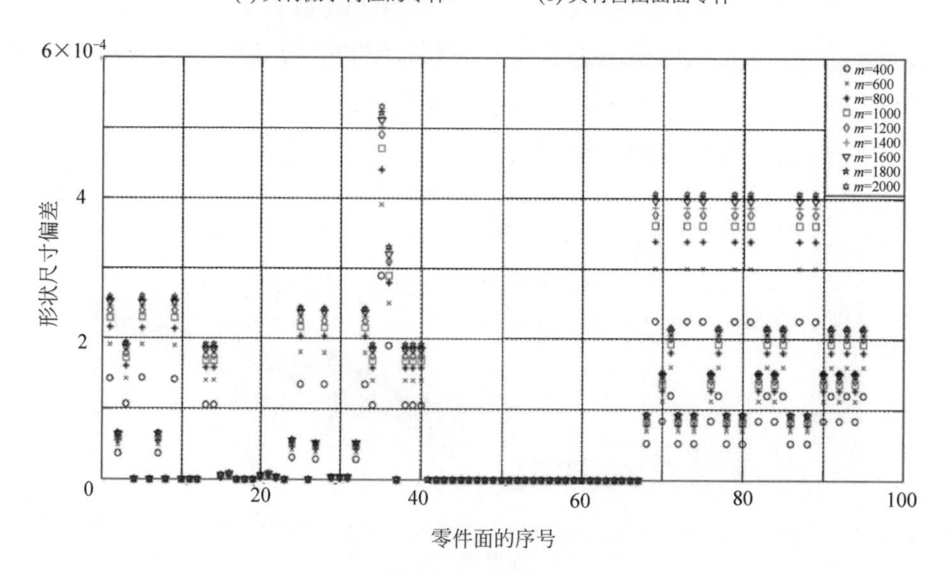

(c) 具有微小特征零件的形状尺寸偏差

图7-15 采样点个数对表面尺寸描述的影响

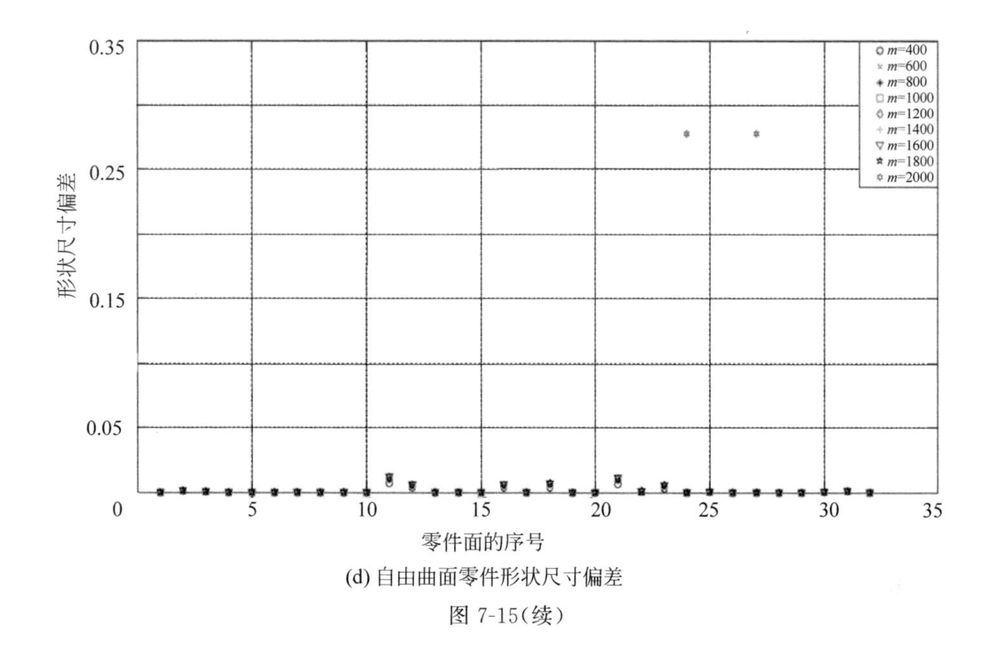

(d) 自由曲面零件形状尺寸偏差

图 7-15(续)

7.4.2.2　GFAG 的形状区分能力分析

GFAG 的形状区分能力直接影响通用结构发掘的最终结果,为此本章从两个方面进行分析。理论上,同时满足以下条件时可认为两组 GFAG 是完全相同的:①所有相应节点的形状参数都相同;②所有相应节点的邻接节点都是相同的;③相应两个零件之间的 MFP 类型和排列方式相同。假设每个 GFAG 的节点个数为 n,边数为 m,所有相应节点的邻近节点平均个数为 a,相应零件之间 MFP 有 4 种类型,此外,零件之间 MFP 最大的数量为 3。因此,3 个条件满足的概率分别为:$p_1=(1/2)^n$,$p_2=((1/2)^a)^n=(1/2)^{na}$,$p_3=((1/2)^{(c_4^1)^3})^m=(1/2)^{64m}$,以上条件全部满足的概率为 $p=p_1p_2p_3=(1/2)^{n(1+a)+64m}$,即当 $n=2$,$m=a=1$ 时,$p=(1/2)^{68}$,由此可知,3 个条件全部成立的概率极低,这在理论上保证了 GFAG 的形状区分能力。

下面通过实验分析说明 GFAG 的区分能力,图 7-16(a)为两组整体形状相似的装配体模型,计算得到其 GFAG 如图 7-16(b)所示。从图中可以看出,两组装配体模型存在很多相似零件,理论分析上这些相似零件应该同属于通用结构,然而它们各自的配合件形状不同,因此由式(7-5)可知,它们的形状参数不同。图 7-16(c)为从两组装配体模型中发掘的通用结构,其平均零件个数是 61,这与理论分析所得结果差异巨大。由此可以看出,本章所提的算法能有效区分局部形状结构,并且可以实现精确的形状匹配。

7.4.2.3　算法复杂度分析

上述给出的查找算法主要分为两步:第一步将装配体模型转换成 GFAG,第二步从图集合中查找频繁子图。其中,第一步的复杂度取决于装配体模型节点和 MFP

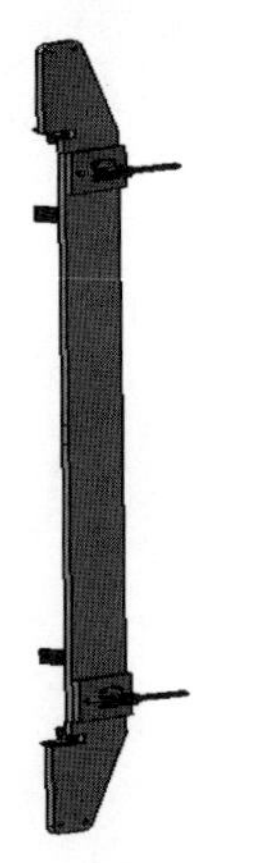

(a) 装配体模型

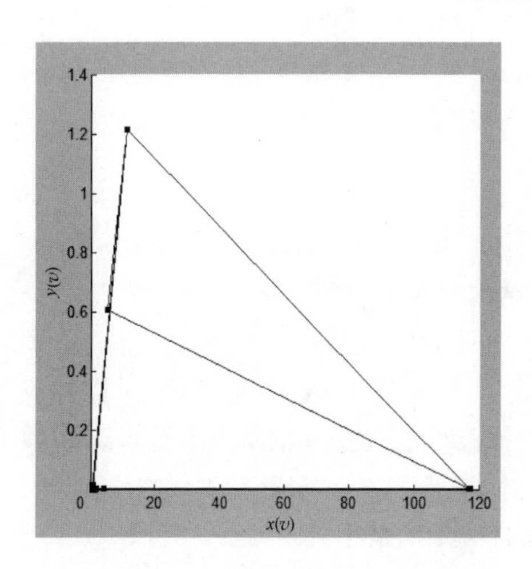

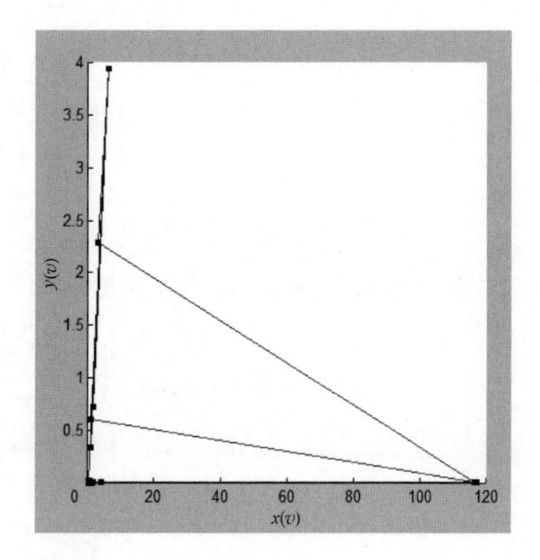

(b) 广义面邻接图

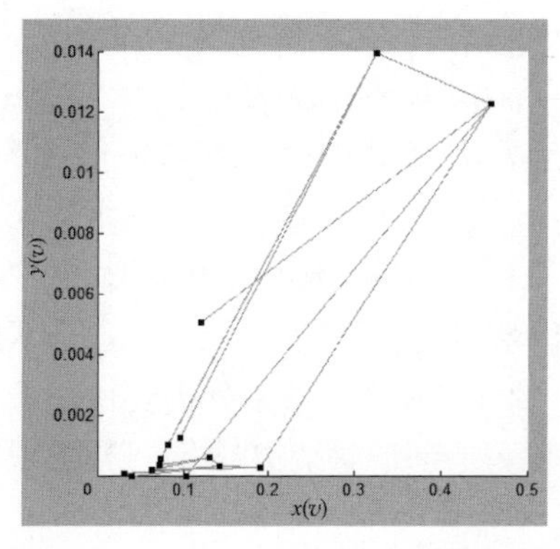

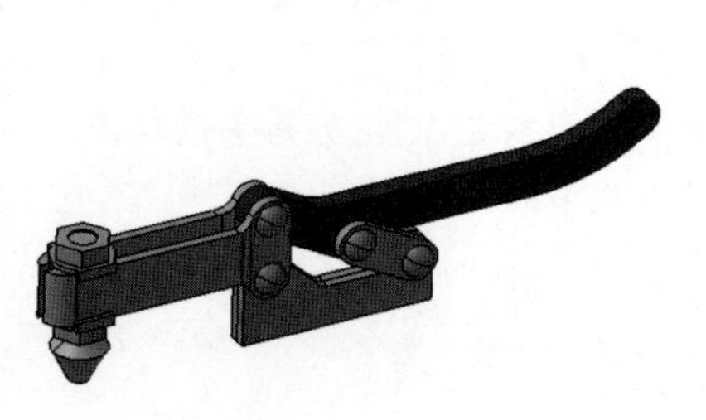

(c) 频繁子图及通用设计结构

图 7-16 GFAG 的形状区分能力

的数量,这与其他频繁子图发掘算法的预处理是一致的,因此本节只分析第二步的复杂度。假设迭代次数为 I,在第 $i(i=1,2,\cdots,I)$ 次迭代中,包含候选频繁子图的装配体模型数量为 A_i,其中第 $j(j=1,2,\cdots,A_i)$ 个装配体模型包含 C_j 个候选频繁子图。在 i 次迭代中,第 j 个装配体模型通过 $\sum_{k=1,k\neq j}^{A_i} C_jC_k$ 次描述编码比较后,产生第 $i+1$ 次迭代的候选频繁子图,因此在第 i 次迭代过程中,A_i 个模型描述编码比较的总数为 $\sum_{j=1}^{A_i}\sum_{k=1,k\neq j}^{A_i} C_jC_k$,由此可以估算在整个迭代过程中描述编码的比较总数为:$\sum_{i=1}^{I}\sum_{j=1}^{A_i}\sum_{k=1,k\neq j}^{A_i} C_jC_k$。在结果发掘之前无法得知迭代次数 I,为此,本书将迭代次数 I 与装配体模型中最大频繁子图 n_f 的个数关联起来。7.3.2.1 节中指出,若:①两个低阶子图有一些共同的节点;②它们由相同的边连接,则高阶子图 O_h 是可以直接由两个低阶子图 O_l 合并而来。

第一种情况存在两个子图合并只补充一个节点,即 $O_h=O_l+1$;第二种情况存在合并结果的节点个数为两个子图节点个数之和,即 $O_h=2O_l$。显然,合并子图的阶数越高,需要迭代的次数越少。不难发现,从后者到前者生成最大频繁子图 n_f 需要的迭代次数 I 的范围为 $[\log_2 n_f+1]+1\leqslant I\leqslant n_f-1$。经过以上分析,可以通过以下 3 种方法来提高算法的效率:①在每次迭代中,减少每个装配体模型的候选频繁子图的数量;②在每次迭代中,减少包含候选频繁子图装配体模型的数量;③最大限度地减少迭代次数。通过引入删减步骤可以减小 C_j 的数量。对于第二种方法,随着迭代次数增加,包含候选频繁子图的装配体模型数量将随之减少;对于第三种方法,删剪步骤将保存每次迭代中生成的最高阶次候选频繁子图,即一个候选频繁子图是从一些相同边连接的低阶候选子图合并而来的,从而迭代次数也将最大限度地减少。

与文献[1]中的算法相比,这 3 种剪枝步骤理论上可以提高查找算法的效率。如图 7-17 所示,通过实验比较两种算法,表明有剪枝步骤的查找算法的效率有很大提升。

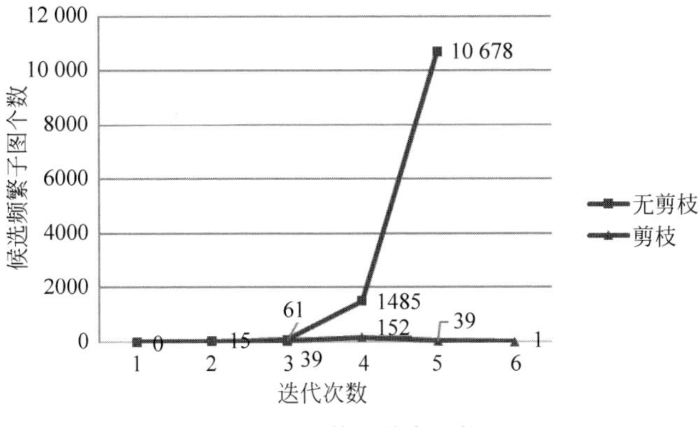

图 7-17　算法效率比较

参考文献

[1] MA L,HUANG Z,WANG Y. Automatic discovery of common design structures in CAD models[J]. Computers & Graphics,2010,34(5):545-555.

[2] ZHANG X,LI H,CHENG Z,et al. Robust curvature estimation and geometry analysis of 3D point cloud surfaces[J]. Journal of Information and Computational Science,2009,6(5):1983-1990.

[3] SONTHI R, KUNJUR G, GADH R. Shape feature determination usiang the curvature region representation[C]//Proceedings of the Fourth ACM Symposium on Solid Modeling and Applications. New York:ACM Press,1997:285-296.

[4] 马露杰,黄正东,吴青松. 基于面形位编码的CAD模型检索[J]. 计算机辅助设计与图形学学报,2008,20(1):19-25.

[5] GADH R,SONTHI R. Geometric shape abstractions for internet-based virtual prototyping[J]. Computer Aided Design,1998,30(6):473-486.

第4篇 装配体功能结构分析与信息重用

产品研制的最终目标是满足用户对产品功能的需求，若能够从已有设计资源中找出结构与功能之间的映射关系，则可以利用以往类似产品的结构来满足新产品的功能需求。因此，发掘产品模型中结构与功能的映射关系，将产品结构信息重用拓展到向产品“功能-结构”信息重用，则可支撑功能驱动的产品快速设计。

在工程领域中存在各种类型的装配体，它们的几何数模描述了形状属性与配合关系信息，同时承载了用于描述功能的语义信息。本篇希望从这些装配体对象中将已经存在的功能结构关系挖掘出来，向设计者展示已有产品在针对同样的功能需求时采用了什么样的结构。下图给出了两种思路的对比，其目的都是为了获取功能向结构的映射关系，所不同的是前者强调了理论分析和映射模型的构建，后者则忽略了这部分内容而直接获取映射结果。分析发现，挖掘的思路将映射原理和过程进行了隐藏，刻意将应该显性化描述的部分进行了忽略。表面上看这是一种简化，而实际上这种方法能够从设计重用的角度提供一种更加简洁的重用资源。

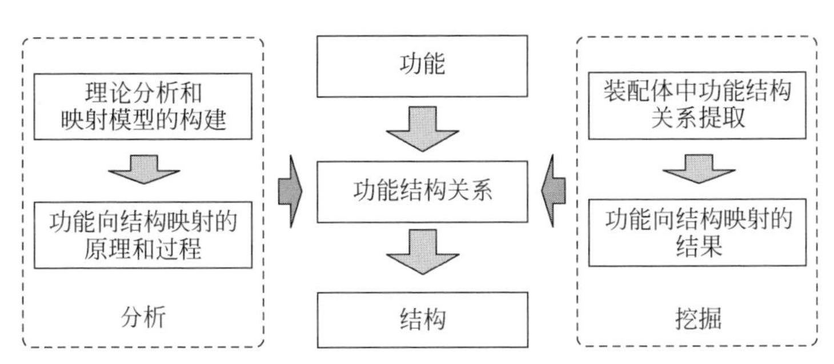

获取功能结构关系的两种思路

为了支撑装配体功能角度的信息重用，本篇基于装配体结构信息重用的相关研究内容，分别从结构对应关系和功能实现概率两种角度开展装配体功能-结构关系挖掘的研究：第8章以装配体通用结构为分析对象，提出了通用结构-功能关联规则，采用挖掘算法得到通用结构与功能标注信息的对应关系，旨在揭示通用结构所具备的功能，进而实现结构重用向功能重用的拓展；第9章以装配体中具有的核心功能为研究对象，采用基于最大似然估计的统计方法获得核心功能与典型结构的映射关系，重点在于阐述功能实现与所采用结构的概率关系，实现核心功能集和典型结构集的提取。在工程应用中,前种方法能够在通用结构库中定位到满足功能需求的通用结构,开展基于通用结构的快速设计;后种方法可以给出与该功能相关的典型结构应用概率,为快速设计提供参数化设计模板。

值得注意的是,作为产品结构重用技术的延伸,功能结构关系的重用对企业提出了更高的要求:①企业产品模型库中的模型结构信息应遵循严格的设计规范,以满足功能结构重用的模型质量要求;②模型库中的产品功能定义应符合明确的企业或行业标准,保证功能信息准确、有效地与产品模型相关联。

第8章

基于功能信息标注的装配体功能结构关系挖掘

8.1 引言

当通用结构和功能同时出现在一类装配体中时，说明两者之间具有相关性，而共同出现的情况越多则说明相关性越大，根据该特性可对装配体通用结构的功能进行分析[1]。例如，在所有能够实现二级减速的减速器产品中，若均出现了通用齿轮箱结构，则说明该齿轮箱结构与二级减速功能具有较强的相关性，通过关联功能与结构之间的映射关系就可支撑基于功能的通用结构检索和应用。

为满足上述需求，本章借鉴数据挖掘的相关思路。关联知识挖掘是数据挖掘[2-3]在数据关联分析中的应用，反映一个事件和其他事件之间的依赖或关联关系[4]。装配体通用结构库中包含了大量的通用结构，以这些通用结构数据与功能数据进行关联挖掘分析，可以建立装配体通用结构与功能之间的映射关系。

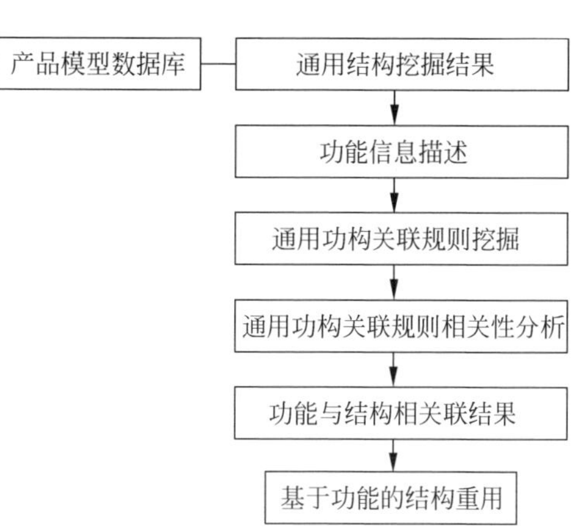

图 8-1　基于功能结构映射的通用结构重用方法

基于功能信息标注的装配体功能结构关系挖掘研究思路如图 8-1 所示：首先明确装配体通用结构和功能之间的关联挖掘问题中的相关概念；然后分析装配体通用结构的特征，建立装配体通用结构-功能关联规则，用两层关联规则挖掘方法获取丰富的关联信息；最终建立基于 Apriori 算法的通用结构-功能（common design structure in assemblies-function，CDSA-F）关联挖掘算法，用关联规则相关性排除没有意义的功能-结构映射关系，最终得到支持设计重用的通用结构对应的功能信息。

8.2 功能结构关系的定义

首先给出装配体功能结构关系分析中相关的数据集、事务和项目的定义。

定义 8-1 待挖掘数据集：待挖掘数据集 D 是需要分析的装配体整体数据集，以事务 T_n 的集合形式表示：

$$D=\{T_1,T_2,\cdots,T_n\} \tag{8-1}$$

式中：事务 T_n 指每一个装配体单元，其定义如下。

定义 8-2 事务：事务 T_n 包含了待分析的数据项目，本章中的事务 T_n 代表一个装配体单元，包含装配体的通用结构信息和装配体的功能信息，如式(8-2)所示。

$$T_n=\{A_{\text{CDASInfo}},A_{\text{Function}}\} \tag{8-2}$$

式中：A_{CDASInfo} 表示装配体事务 T_n 的装配体通用结构信息；A_{Function} 则为装配体事务 T_n 的功能信息。

在装配体功能结构中，待挖掘数据集合指需要分析的所有装配体，包含了它们的通用结构信息和功能信息。每一个事务表示待挖掘数据集中的一个装配体。待挖掘数据集、装配体以及通用结构与功能的关系如图 8-2 所示。

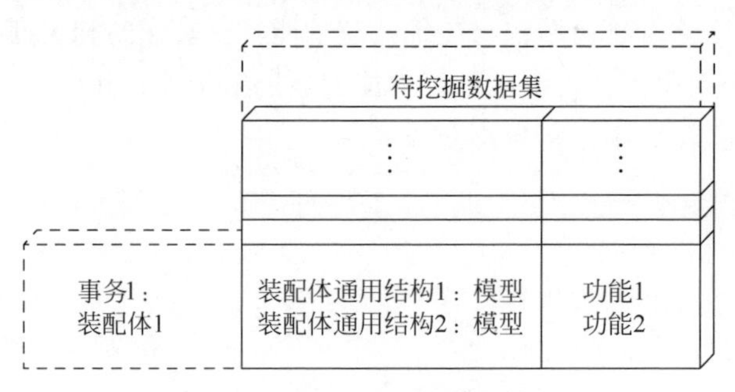

图 8-2 关联关系挖掘数据表示

通过分析功能和装配体通用结构在待挖掘的数据集中的支持度-置信度，构建关联规则挖掘的方法。关联规则的表现形式为"$X\rightarrow Y$"，其中 $X\in D$，$Y\in D$，并且 $X\cap Y=\varnothing$，X 为关联规则的条件，Y 为结论。其中支持度与置信度的定义如下。

定义 8-3 支持度：事务数据库 D 中包含项集 X 的事务数的比例称为项集 X 的"支持度"，记为"Sup(•)"，例如规则 $X\rightarrow Y$ 的支持度是指 D 中包含项集 X 和 Y 的事务数量的比例 P，即

$$\text{Sup}(X\rightarrow Y)=\frac{P(X,Y)}{P(D)}=\frac{P(X\cup Y)}{P(D)} \tag{8-3}$$

定义 8-4 置信度：事务数据库 D 中同时包含项集 X 和 Y 的事务数与包含项集 X 的事务数的比例 P 称为"置信度"。它是一个条件概率，记为 Conf(•)，例如规则 $X\rightarrow Y$ 的置信度可表示为

$$\mathrm{Conf}(X \to Y) = P(Y \mid X) = \frac{P(X,Y)}{P(X)} = \frac{P(X \cup Y)}{P(X)} \tag{8-4}$$

定义 8-5 最小支持度和最小置信度：在运用关联分析时，需要指定满足规则所需的支持度和置信度阈值，这两个条件阈值分别称为"最小支持度"和"最小置信度"，记为"Min_Sup"和"Min_Conf"。

定义 8-6 频繁项集：设给定的最小支持度为 Min_Sup，若存在一个项集 A 使 $\mathrm{Sup}(A) = \mathrm{Min\_Sup}$，则称 A 为"频繁项集"。

8.3 通用结构-功能关联规则

8.3.1 功能相关的关联规则构建

在装配体通用结构挖掘过程中，每一个通用结构可能对应多个不同的装配体模型，这些装配体模型通常具有不同的属性信息。装配体的某一个功能可能与装配体通用结构相关，也可能与装配体通用结构在挖掘过程中忽略掉的某一个三维模型的细节相关。为了尽可能多地获取与装配体通用结构相关的功能信息，本节从两个层次构建了功能结构关联规则，即在"通用结构-功能"层中获取广泛的通用结构-功能关联关系，在"通用结构对应的模型-功能"层，可以获取更为细节的功能特征。

两层关联规则允许用户在两个层次上进行挖掘，为不同的用户呈现出不同视图的知识。其中，概念层次树是依据不同的概念抽象程度而形成的一个层次结构，它是构建关联规则的基础[5]。概念层次树将各个层次的概念按从一般到特殊的顺序排列，其中高层概念是对相对低层概念进行的概括。树根是最高层次的概念，是最概括性的描述，树叶则是对概念进行的具体描述。对概念层次树中的每一层都使用一个数字来表示该层的层级，定义根节点的层级为第 0 层，其子节点的层级为第 1 层，从上而下层级依次增加。根据概念分层可以对待挖掘数据集的数据对象构造相应概念层次树，以便在多个概念层次上进行关联规则挖掘。装配体通用结构信息分为装配体通用结构层和模型层，分层关系如图 8-3 所示。图中装配体通用结构信息树由两层信息组成，分别是各个通用结构和其对应的特征。装配体功能信息树包含了所有装配体能够实现的功能。

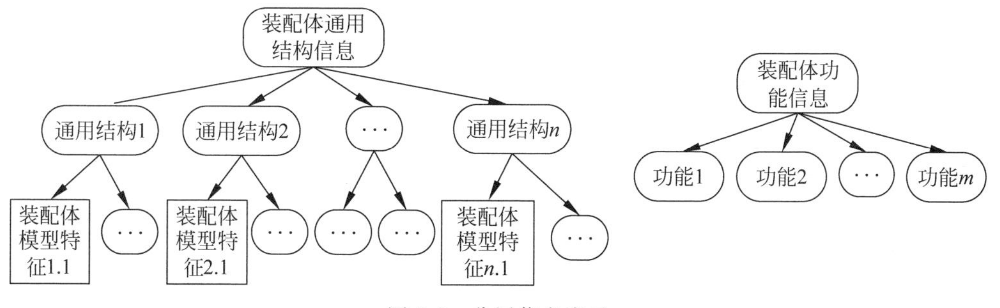

图 8-3 分层信息表示

在上文描述的装配体事务 T_n 中，A_{CDASInfo} 代表了挖掘过程中的装配体通用结构信息。在第 1 层关联挖掘时，A^1_{CDASInfo} 代表装配体通用结构，本节中用 6.3 节中提出的聚类属性连接图来表示，即每一个事务的 A^1_{CDASInfo} 项目是一个聚类属性连接图构成的集合，表示该装配体中包含的所有装配体通用结构：

$$T_n : A^1_{\text{CDASInfo}} = \{G_1, G_2, \cdots, G_k\} \tag{8-5}$$

式中：G 是装配体中的通用结构。

为了表达对应于同一个装配体通用结构的模型差异，需要构建装配体通用结构信息的第 2 层。由于差异主要体现在零件和连接关系的属性中，此处采用相关属性表示第 2 层的 A^2_{CDASInfo} 信息。每个事务的第 2 层的 A^2_{CDASInfo} 都由一个差异属性特征集合构成，表示该装配体包含的通用结构对应的三维模型信息为

$$T_n : A^2_{\text{CDASInfo}} = \{\text{AttrFeature}_1, \text{AttrFeature}_2, \cdots, \text{AttrFeature}_k\} \tag{8-6}$$

式中：AttrFeature 表示装配体通用结构之间差异属性特征，其表示形式如下：

$$\text{AttrFeature} = \text{PType}n / \text{CType}n : \text{Attribute. Value} \tag{8-7}$$

式中：PType$n$ 表示第 n 类零件，CType$n$ 表示第 n 类连接关系；Attribute 为存在差异的一个属性名称；Value 为具体的属性值。

基于装配体信息挖掘概念分层可以对事务数据集中的各个项进行编码，在数据预处理阶段简化数据运算过程。一般需要完成以下两个步骤：

(1) 对概念树编码，编码结果如图 8-4 所示。

(2) 对数据库集的某项用其编码代替，这些编码集构成装配体编码数据集。

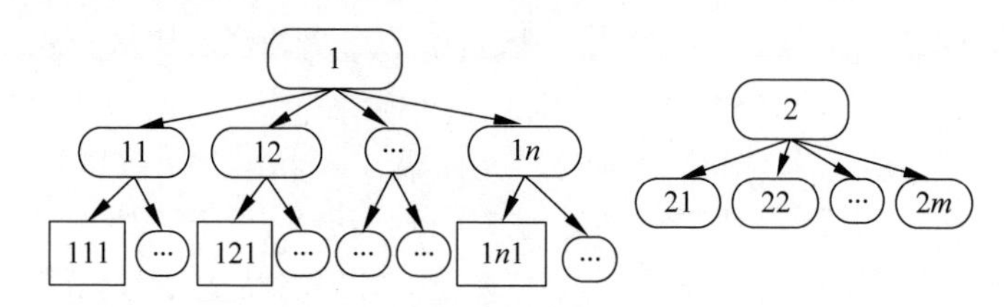

图 8-4　分层信息编码的示例

一般对于两层关联规则挖掘方法，可以采用自顶而下或是自下而上策略逐层进行。自顶而下的策略由概念层树根往下的第 1 层开始向下到最低的概念层，对每个层用频繁度-支持度理论计算出该层的频繁项目。待上层频繁项集获取完成则向下进行，完成所有事务的频繁项目搜索。

8.3.2　关联规则的相关度分析

通过定义 8-3(频繁度)和定义 8-4(置信度)，关联规则挖掘方法能简单排除一些不重要的规则，但仍不能全面反映相关度信息，甚至对于同时满足频繁度和置信度的结构与功能强关联规则也可能有一定的误导性[6]。例如：在 20 个装配体的数据库中，具有功能fun_1 的有 16 个，频繁度为 80%；有结构 p_1 的有 8 个，频繁度

为40%；同时包含结构 p_1 和功能 fun_1 的装配体的 $O(\mathrm{fun}_1 \cup p_1)$ 有6个。此时 $p_1 \rightarrow \mathrm{fun}_1$ 的频繁度为30%，置信度为75%。虽然置信度很高，但规则 $p_1 \rightarrow \mathrm{fun}_1$ 并不能反映结构 p_1 与功能 fun_1 的真实关系，因为功能 fun_1 本身的频繁度更高，其为80%。实际上，功能 fun_1 和结构 p_1 是负相关的，结构 p_1 的出现降低了装配体具有功能 fun_1 的可能性。上述分析发现，置信度并不能全面地反映规则 $p_1 \rightarrow \mathrm{fun}_1$ 的实际强度，只是给出了 p_1 和 fun_1 的条件概率的估计值。

为了更准确地评价，本节从概率分析角度进行结构和功能之间相关度关系的评价。在概率统计中，如果两个事件 A 和 B 是相互独立的，则有 $P(A \cup B) = P(A)P(B)$ 成立，否则事件 A 和 B 是依赖的和相关的，以此为基础可给出通用结构-功能的相关度定义。

定义 8-7　通用结构-功能相关度表示了结构与功能的相关关系，其表示方法为

$$\mathrm{corr}(p_i, \mathrm{fun}_j) = \frac{O(\mathrm{fun}_j \cup p_i)}{O(p_i) \cdot O(\mathrm{fun}_j)} \tag{8-8}$$

式中：O 代表满足该条件事务的数量；$\mathrm{corr}(p_i, \mathrm{fun}_j)$ 为结构 p_i 与功能 fun_j 的CDSA-F相关度。如果 $\mathrm{corr}(p_i, \mathrm{fun}_j)$ 的值大于1，则结构 p_i 和功能 fun_j 是正相关的，即结构 p_i 的出现会提高该装配体中出现功能 fun_j 的可能性；如果 $\mathrm{corr}(p_i, \mathrm{fun}_j)$ 的值小于1，则结构 p_i 和功能 fun_j 是负相关的，即结构 p_i 的出现会降低该装配体中出现功能 fun_j 的可能性。

通过上述的相关度分析，可以有效排除关联规则中的错误关联规则。

8.4　基于Apriori算法的CDSA-F关联规则挖掘算法

近年来，关联规则的理论研究得到了快速的发展，同时也提出了大量的挖掘算法。本节在Agrawal等[7]提出的Apriori广度优先算法的基础上，加入元规则匹配过程，用于关联规则的求解。

在带约束的关联挖掘中，元规则可以用来指导约束下的挖掘。元规则形成了一个希望被探查或证实、用户感兴趣的假设，然后在挖掘过程中寻找与元规则匹配的规则。元规则可以用来定义用户感兴趣的CDSA-F关联规则的语法形式，以此作为约束来帮助提高挖掘算法的性能。关联规则挖掘中的元规则定义为

$$P(X, W) \rightarrow \mathrm{Function}(X, Y)$$

式中：P 是谓词变量，用于表明语句的主语具有的一个性质，在挖掘过程中为给定数据库中装配体的属性。X 表示装配体变量，W 表示 P 赋给 X 的属性值，Y 表示 X 应满足的一个功能属性。

在元规则的基础上给出关联规则挖掘算法：Apriori算法是一种挖掘关联规则的频繁项集算法，使用一种逐层搜索的迭代方法，项的集合称为“项集”。包含 K 个项的项集称为 K-项集，将“$K-1$ 项集”用于搜索“K 项集”，直到迭代收敛，即不

能再找到"K 项集"。查找每个 K 项集都需要一次数据库扫描。算法实施的核心思想是：连接步和剪枝步。连接步是自连接，原则是保证前 $K-2$ 项相同，并按照字典顺序连接。剪枝步使任一频繁项集的所有非空子集也必须是频繁的。反之，若某个候选的非空子集不是频繁的，那么该候选肯定不是频繁的，从而可以将其从候选集中删除。

对于每一层项集，通过候选集生成和向下封闭检测两个阶段来挖掘频繁项集。关联规则的挖掘思路包括两步：①依据支持度找出所有频繁项集（频度）；②依据置信度产生关联规则（强度）。具体的实施步骤如下：

步骤1：扫描数据库，数据库中的每个事务都是候选1-项集的集合 C_1 的成员；

步骤2：对 C_1 中的每个项目进行计数；

步骤3：将 C_1 中的所有项的计数与预先设定的最小事务支持度进行比较，确定频繁1-项集的集合 L_1；

步骤4：使用 $L_1 \leftrightarrow L_1$ 自连接，产生候选2-项集得集合 C_2；

步骤5：扫描数据库，根据最小事务支持度，从 C_2 中产生频繁2-项集的集合 L_2；

步骤6：重复步骤1～5直到不能发现更大的频繁项集。

根据Apriori算法的过程可以看出，算法中频繁项集的所有非空子集都必须是频繁的。所以，元规则的匹配过程可以在第二次迭代中进行，对第二次迭代产生频繁2-项集 L_2 中的项目进行元规则匹配，判断每一项是否包含功能元素。

Apriori算法的主要优点有：①算法中的剪枝步骤能够删除候选项集中的部分非频繁项，减少了候选项集的规模，提高了算法找到频繁项的效率；②理论上可以处理较大规模的数据；③算法的过程明了、易懂，但是也产生了大量的候选项。从上述步骤中可以看到为了产生 L_K，L_{K-1} 经过自连接形成 C_K，虽然通过剪枝步骤删除了部分不频繁的候选子项，但数目依旧很庞大。因此，为了进一步提高Apriori算法的效率，根据装配体的具体特征，提出以下几项有效的改进措施。

措施1：事务压缩。$K+1$ 项集是通过查找 K 项集自生成的候选项集得到的，因此不包含任何 K 项集的事务不可能包含 $K+1$ 项集，那么这些事务在后续的查找过程中没有意义，可以加上标记，以便后续查找中绕过这类事务。

措施2：快速剪枝。装配体通用结构之间本身存在一些包含关系，例如装配体通用结构 A 为装配体通用结构 B 的一个子装配体，那么包含 B 的事务将一定包含 A。因此若 A 与某一功能fun_i 的关联 $\{A, \mathrm{fun}_i\}$ 不是频繁项，则 $\{B, \mathrm{fun}_i\}$ 也必将不是频繁项。在装配体通用结构挖掘过程中，可以获得装配体通用结构之间相互包含的信息，应用这些信息可以快速标记部分不需要考虑的候选项，实现快速剪枝。

措施3：不同最小支持度策略——第2层挖掘的最小支持度 Min_Sup_Level2

小于第 1 层的最小支持度 Min_Sup_Level1。在每一个抽象层使用自己的最小支持度，抽象层越低，对应的最小支持度越小。因为抽象层越低则事务项划分得越细，得到的挖掘结果越具体，同时减少了扫描事务的数量。

措施 4：第 2 层挖掘过程利用第 1 层挖掘获取的信息。一个装配体通用结构对应的装配体模型之间有很多微小的差异，可能存在于每一个零件和每一个连接关系之中。所以第 1 层与第 2 层的搜索宽度差异大，直接对第 2 层进行宽泛的发掘，会由于事务过多而造成时间资源消耗。此处考虑将第 2 层的挖掘范围用第 1 层进行限定。但是，由于措施 3 中 Min_Sup_Level2＜ Min_Sup_Level1，导致第 2 层的挖掘结果对应的第 1 层父级可能存在于第 1 层的挖掘结果之外，所以第 2 层的挖掘不能直接使用第 1 层的挖掘结果限定的范围。因此，需要对第 1 层使用一次以 Min_Sup_Level2 为最小支持度的挖掘。显然，这个挖掘结果也必定包含第 1 层挖掘的结果，因此这个结果也可以作为第 1 层挖掘结果的候选子集。所以关联规则挖掘算法包含 3 次具体的挖掘过程，用以提高挖掘效率：

(1) 在概念层 1，对整个数据集，以 Min_Sup_Level2 为最小支持度进行挖掘，获得第 2 层关联规则挖掘结果的限定范围；

(2) 在概念层 1，对限定范围内构成的候选子集，以 Min_Sup_Level1 为最小支持度进行挖掘，获得结果集第 1 层关联规则挖掘结果并输出；

(3) 在概念层 2，对限定范围内构成的候选子集，以 Min_Sup_Level2 为最小支持度进行挖掘，获得结果集第 2 层关联规则挖掘结果并输出。

8.5 实例分析

以一组减速器产品模型为验证对象，如图 8-5 所示。经过 6.4.2 节通用结构挖掘方法得到如表 8-1 所示的 11 组结构为待挖掘数据集合 D。在功能结构关系分析过程中，这 11 组结构作为第 1 层通用结构信息层的内容输入，如表 8-1 所示。

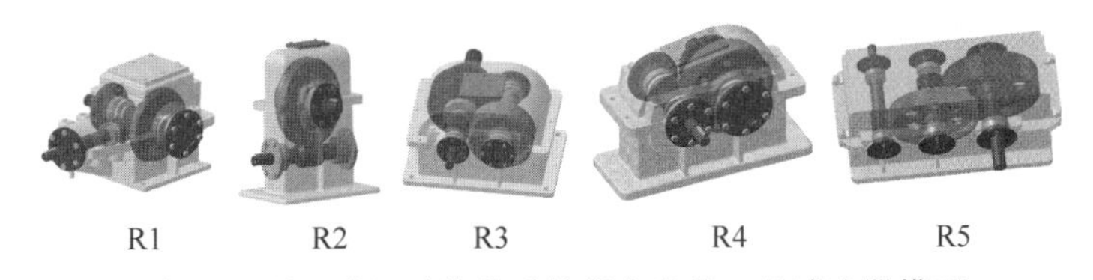

R1　R2　R3　R4　R5

图 8-5　用于验证功构关系挖掘方法的一组减速器模型

表 8-1　第 1 层通用结构信息

项目	G1	G2	G3	G4	G5	G6	G7	G8	G9	G10	G11
编号	11	12	13	14	15	16	17	18	19	110	111

第 2 层是通用结构对应的模型-功能层，该层是通用结构模型信息的详细表达，因此需要对零件和连接关系的每个属性细节差异进行表达。例如，通用结构 G1 的节点①对应的 A2 和 A3 的零件键具有不同的尺寸属性，因此，代表 A2 和 A3 零件键的差异的项目分别为：Type 1：Size 8,7,36 和 Type 1：Size 8,7,46。所有的第 2 层的项目如表 8-2 所示。

表 8-2　第 2 层结构模型信息

PType 1：Size 8,7,36	PType 3：Name bearing 30215	PType 5：Size 75,75,22
PType 1：Size 8,7,46	PType 3：Name Bearing 6207	PType 5：Size 85,85,22
PType 2：Name Input shaft;	PType 3：Name Bearing 6009	PType 5：Size 90,90,22
PType 2：Name nputwormshaft	PType 3：Name Bearing 7208C	PType 5：Size 110,110,24
PType 2：Name Inputgear shaft	PType 3：Name bearing 7210C	PType 6：Size 80,80,40
PType 2：Name convet shaft	PType 3：Name bearing 7212C	PType 6：Size 130,80,8
PType 2：Name output shaft	PType 4：Size 115,115,29	PType 6：Size 240,120,8
PType 2：Size 36,36,289	PType 4：Size 127,127,30.5	PType 7：Size 518,232,265
PType 2：Size 85,85,230	PType 4：Size 120,120,39.5	PType 7：Size 430,150,265
PType 2：Size 65. 65,261	PType 4：Size 130,130,32.5	PType 7：Size 536,390,390
PType 2：Size 42,42,275.5	PType 4：Size 120,120,21	PType 7：Size 433,172,290
PType 2：Size 87,87,338	PType 4：Size 170,170,22.5	PType 7：Size 732,346,420
PType 2：Size 54,54,254	PType 4：Size 130,130,19	PType 8：Name big gear
PType 2：Size 60,60,247.5	PType 4：Size 115,115,21.5	PType 8：Name big bevelgear
PType 2：Size 63,63,389.5	PType 4：Size 130,130,22	PType 8：Name little bevelgear
PType 2：Size 72,72,402	PType 4：Size 150,150,22.5	PType 8：Name little gear
PType 2：Size 62,62,270	PType 5：Size 62,62,12	PType 8：Size 240,240,80
PType 3：Name bearing 30206	PType 5：Size 72,72,12	PType 8：Size 260,260,88
PType 3：Name bearing 30207	PType 5：Size 90,90,15	PType 8：Size 70,70,80
PType 3：Name bearing 30208	PType 5：Size 80,80,22	PType 8：Size 206,206,60
PType 3：Name bearing 30210	PType 5：Size 130,130,19	PType 8：Size 298.5,298.5,98
		PType 8：Size 266,266,88
		PType 8：Size 67,67,98

减速器的基本功能主要包括：减速、传递功率等，对于具体的一个减速器，对其功能的描述还包括传动比、单级或多级传递和最大转速等。因此，减速器功能的描述项目有：减速器基本功能：减速、传递转矩、闭式传递、密封、润滑。传动比：传动比 2.5、传动比 30、传动比 9、传动比 4。减速级：单级、双级。传动效率：传动效率 0.96、传动效率 0.45、传动效率 0.91。输入输出轴相对位置：垂直同面换向、垂直异面换向、同轴、平行。

具体各个事务的功能描述如表 8-3 所示。

用基于 Apriori 算法的 CDSA-F 挖掘算法构建第 1 层关联规则挖掘，设定频繁度和支持度分别为 0.3 和 0.9，得到挖掘结果如表 8-4 所示。

根据表 8-4 可以发现，通用结构 G1 与减速、传递转矩、闭式传递、密封、润滑功能相关性强。而通用结构 G3,G6,G11 均具备同样的两级减速、传动比为 9、传动效率为0.91的特点。验证了第1层关联规则挖掘可以支持功能与通用结构之间的关联关系分析。

表 8-3　事务的功能描述

事务	功　能
减速器1	减速 传递转矩 闭式传递 密封 润滑 传动比2.5 单级 传动效率0.96 垂直同面换向
减速器2	减速 传递转矩 闭式传递 密封 润滑 传动比30 单级 传动效率0.45 垂直同面换向
减速器3	减速 传递转矩 闭式传递 密封 润滑 传动比9 双级 传动效率0.91 同轴
减速器4	减速 传递转矩 闭式传递 密封 润滑 传动比4 单级 传动效率0.96 平行
减速器5	减速 传递转矩 闭式传递 密封 润滑 传动比9 双级 传动效率0.91 平行

表 8-4　第1层关联规则挖掘

关联	功　能	通用结构(层一)
关联1	减速 传递转矩 闭式传递 密封 润滑	G1
关联2	两级减速 传动比为9　传动效率为0.91	G3　G6　G11

进一步可以开展面向模型特征的第2层关联规则挖掘，设定频繁度和支持度分别为0.2和0.9，得到挖掘结果如表8-5所示。

表 8-5　第2层关联规则挖掘结果

关联	功　能	通用结构(层二)
关联1	传动比为30　传动效率为0.45	PType 2：Name Inputwormshaft
关联2	传动比为9双级　传动效率为0.91	PType 3：Name bearing 30210
关联3	传动比为2.5	PType 8：Name big bevelgear PType 8：Name little bevelgear

通过关联规则挖掘可以精确定位到相关的零件模型和所处的通用结构。以上述实例验证对象为例，当设计人员需要设计一个新的具有两级减速功能的减速器时，他可以着重参考零件模型PType 3：Name bearing 30210G9所处的通用结构。

功能与通用结构信息的关联规则挖掘结果可以作为通用结构的功能信息标签，将这些关联规则标记在表示通用结构的图上和对应的模型上，当设计人员再设计同类产品模型时，可以根据将要设计产品的功能要求进行筛选，快速定位到具有参考价值的已有模型，获得设计灵感。同时，设计人员也可以从已有的模型中进行修改来获取新的模型。

参考文献

[1]　程继华，施鹏飞. 多层次关联规则的有效挖掘算法[J]. 软件学报，1998(12)：937-941.
[2]　张晶莹. 智能设计综述[J]. 装备制造技术，2003 (3)：52-55.
[3]　唐辉. 关联挖掘技术在商品销售中的应用研究[D]. 北京：北方工业大学，2011.

[4] 毛国君.数据挖掘技术与关联规则挖掘算法研究[D].北京：北京工业大学，2003.
[5] 金胜男.基于多层关联规则的概念分层知识库中知识发现的研究[D].天津：天津大学，2006.
[6] 龚如华，乐晓波.数据相关性分析的非精确算法[J].中南工业大学学报，1997，28(4)：387-390.
[7] AGRAWAL R，SRIKANT R. Fast Algorithms for Mining Association Rules in Large Databases[C]//Proceedings of the 20th International Conference on Very Large Data Bases. Hong Kong：Elsevier Science Ltd，1994.

第9章

基于功能概率的装配体功能结构关系挖掘

9.1 引言

设计人员为了满足产品的功能需求，需要充分理解该功能向结构的映射原理。因此，若能够避免设计人员对映射过程进行描述和表达，则可有效减少设计人员的学习负担并大幅提升高设计效率。鉴于此，本章尝试一种直接获取产品功能和结构映射结果的解决思路，从而回避复杂的中间信息转换过程。

功能结构挖掘方法主要通过已有模型信息，获取实现某一功能需求时的各种结构使用情况。基于这一思路获得的结果同样可以满足设计需求，即在面向新产品设计时，可以根据功能需求向设计者提供可重用的选择。若要获得较为准确的挖掘结果，就需要对所有装配体中的功能结构关系进行统计分析。然而，这种方案实现起来存在一定困难：①对于某一类装配体来说，无法获知其有多少个不同的个体，也无法完全地得到它们；②新的装配体不断被设计出来，无法保证所获得的功能结构关系能够实时更新。分析发现，上述两个原因的重点都在于无法获得所有装配体，也就无法进行准确的功能结构关系挖掘。若将所有装配体作为总体，将已有的装配体作为样本，则功能结构发掘就转变成一个参数估计问题，即用已有装配体中的功能结构关系来估计所有装配体中的功能结构关系，进而在点估计求解方法的基础上就可以获得所需结果，进而使上述问题得到有效解决。

根据以上分析，本章装配体功能结构关系挖掘思路如图 9-1 所示：首先，将已有装配体作为样本，并且通过零件集、装配体向量、结构向量、功能集和功能向量对装配体相关概念进行描述，形成各自的描述符；其次，在参数估计的基础上，对功能所对应的结构以及各类结构的使用频率进行挖掘，实现功能结构关系进行概率描述；最后，对装配体核心功能集和典型结构集进行提取，获取同类装配体中最常出现的功能集合和与之对应的结构集合。

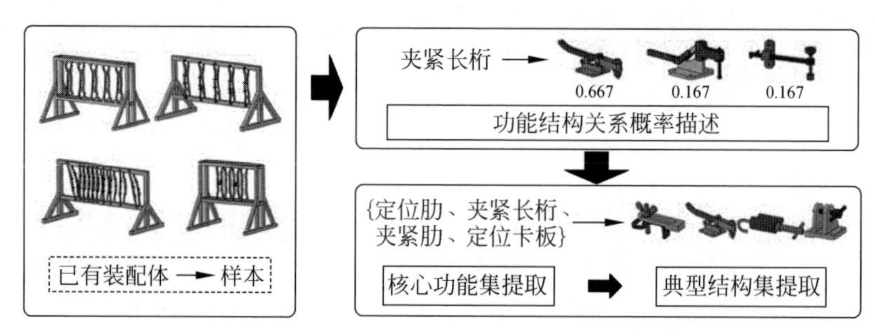

图 9-1　基于功能概率的装配体功能结构关系挖掘方法

9.2　基于向量的功能属性描述方法

与装配体检索和通用结构发掘类似，功能结构关系描述的基础是对装配体、结构等相关概念进行描述，并形成各自的描述符。因此，本节分别对零件集、装配体向量、结构向量、功能集和功能向量进行分析和定义，以此作为功能结构关系挖掘的基础。

9.2.1　结构向量定义

为了探究结构与功能的量化表征关系，本节中从零件和装配体的量化描述入手，根据装配体-结构-零件三者的关系将结构以一种向量的形式进行定义。首先对装配体对应的零件集进行定义：

定义 9-1　零件集是一系列装配体所包含的不同零件的集合，零件集 PT 可以表示为

$$\mathrm{PT}=\{\mathrm{prt}_1,\mathrm{prt}_2,\cdots,\mathrm{prt}_N\} \tag{9-1}$$

式中：N 表示零件集中零件的个数；$\mathrm{prt}_i(1\leqslant i\leqslant N)$表示零件集中的一个零件。

零件集的构建首先需要对一系列装配体进行分解，获得组成装配体的零件；其次，通过 6.3 节中的方法对相同和相似零件做聚类处理，以保证零件集中只包含不同的零件。在 2.3 节的层次信息模型定义的基础上，零件集 PT 构建步骤如下：

步骤 1：输入装配体 $a_1,a_2,\cdots,a_n$；

步骤 2：获取与装配体 $a_1,a_2,\cdots,a_n$ 对应的信息描述模型 $\mathrm{Assembly}_{a,1}$，$\mathrm{Assembly}_{a,2}$，$\cdots$，$\mathrm{Assembly}_{a,n}$；

步骤 3：分别提取 $\mathrm{Assembly}_{a,i}$ 中的 $\mathrm{APartSet}_{a,i}(1\leqslant i\leqslant N)$，将 $\mathrm{APartSet}_{a,i}$ 中的每个零件放入 PT′中，形成初始零件集；

步骤 4：对 PT′中的零件进行聚类处理，对相似和相同零件进行合并后得到 N 个不同的零件，形成最终零件集 PT；

步骤 5：结束。

定义 9-2　装配体向量用于表示一个装配体中所包含的零件。装配体可以看

作若干零件的集合，在零件集的基础上装配体 a 的装配体向量 $\mathbf{Assy}_a$ 可以表示为

$$\mathbf{Assy}_a = [e_{a,1}, e_{a,2}, \cdots, e_{a,N}] \tag{9-2}$$

式中：$e_{a,i}(1 \leqslant i \leqslant N)$ 为向量中的第 i 个元素，表示在装配体中包含的零件 prt_i 的个数。

对于装配体 a，其装配体向量 $\mathbf{Assy}_a$ 的构建步骤如下：

步骤1：输入装配体 a 和零件集 $\mathrm{PT}=\{\mathrm{prt}_1, \mathrm{prt}_2, \cdots, \mathrm{prt}_N\}$；

步骤2：获取与装配体 a 对应的多源信息描述模型 $\mathrm{Assembly}_a$；

步骤3：初始化 N 维装配体向量 $\mathbf{Assy}_a=[e_{a,1}, e_{a,2}, \cdots, e_{a,N}]$，且对向量中每个元素赋初值 $e_{a,i}=0(1 \leqslant i \leqslant N)$；

步骤4：提取 $\mathrm{Assembly}_a$ 中的 $\mathrm{APartSet}_a$。对于 $\mathrm{APartSet}_a$ 中的每个零件，若与 prt_i 相同或相似，则将 $\mathbf{Assy}_a$ 中的第 i 个元素 $e_{a,i}$ 加1；

步骤5：结束。

定义9-3　结构向量用于表示一个结构中所包含的零件。结构由单个零件或若干零件通过一定的连接方式组合而成，在零件集的基础上，结构 u 的结构向量 $\mathbf{Stuc}_u$ 可以表示为

$$\mathbf{Stuc}_u = [w_{u,1}, w_{u,2}, \cdots, w_{u,N}] \tag{9-3}$$

式中：$w_{u,i}(1 \leqslant i \leqslant N)$ 为向量中的第 i 个元素，表示在结构中包含的零件 prt_i 的个数。

根据结构向量的定义，$\mathbf{Stuc}_u$ 中的元素应满足以下条件：

$$\sum_{i=1}^{N} w_{u,i} \geqslant 1 \tag{9-4}$$

对于结构 u，其结构向量 $\mathbf{Stuc}_u$ 的构建步骤如下：

步骤1：输入结构 u 和零件集 $\mathrm{PT}=\{\mathrm{prt}_1, \mathrm{prt}_2, \cdots, \mathrm{prt}_N\}$；

步骤2：初始化 N 维装配体向量 $\mathbf{Stuc}_u=[w_{u,1}, w_{u,2}, \cdots, w_{u,N}]$，且对向量中每个元素赋初值 $w_{u,i}=0(1 \leqslant i \leqslant N)$；

步骤3：对于结构 u 中包含的每个零件，若与 prt_i 相同或相似，则将 $\mathbf{Stuc}_u$ 中的第 i 个元素 $w_{u,i}$ 加1；

步骤4：结束。

如图9-2所示，两个装配体 A 和 B 共包含了9种不同的零件，零件集被定义为 $\mathrm{PT}=\{a,b,c,d,e,f,g,h,i\}$。装配体 A 包含了1个零件 a，1个零件 b，2个零件 f。因此，描述装配体 A 的装配体向量 $\mathbf{Assy}_A=[1,1,0,0,1,2,0,0,0]$。同理，描述装配体 B 的装配体向量 $\mathbf{Assy}_B=[1,0,1,1,0,1,1,1,1]$。结构 C 包含了1个零件 a，1个零件 c，1个零件 f。因此，描述结构 C 的结构向量 $\mathbf{Stuc}_C=[1,0,1,0,0,1,0,0,0]$。同理，描述结构 D 和结构 E 的结构向量分别为 $\mathbf{Stuc}_D=[0,0,0,1,0,0,1,1,1]$ 和 $\mathbf{Stuc}_E=[0,1,1,0,0,2,0,0,0]$。由该例子可以看出，装配体向量和结构向量中的元素不仅表示零件是否在装配体和结构中出现，而且表示了出现的次数，

这样将有助于后续对装配体和结构之间的关系进行判断。

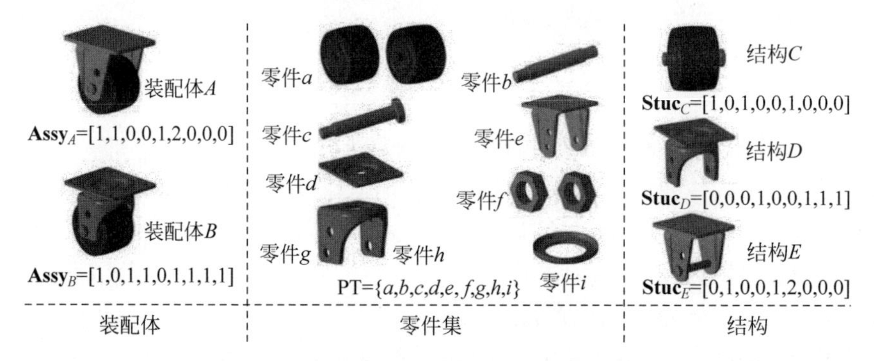

图 9-2　零件集、装配体和结构的描述方式

除了装配体和结构的描述之外，还需要对两者之间的关系进行讨论，此处重点关注两者之间的“包含”关系：若一个结构 u 是装配体 a 的一部分，则称“装配体 a 包含结构 u”。这里，用符号“$\supset$”来表示这种包含关系，且将其表示为 $\mathbf{Assy}_a \supset \mathbf{Stuc}_u$。例如，图 9-2 中结构 C 是装配体 B 的一部分，则可以写作“$\mathbf{Assy}_B \supset \mathbf{Stuc}_C$”。

从上述包含关系的定义可以看出，组成结构 u 的零件都是装配体 a 中的零件，因此包含关系的重点在于判断两者组成零件之间的关系。根据式(9-2)、式(9-3)和式(9-4)，若满足以下条件则可以判定 $\mathbf{Assy}_a \supset \mathbf{Stuc}_u$：

$$\begin{cases} \forall 1 \leqslant i \leqslant N: e_{a,i} \geqslant w_{u,i} \\ \sum_{i=1}^{N} e_{a,i} > \sum_{i=1}^{N} w_{u,i} \end{cases} \tag{9-5}$$

9.2.2　功能向量定义

定义 9-4　功能集是一系列装配体所包含的不同功能的集合，功能集 FT 可以表示为

$$\mathrm{FT} = \{\mathrm{ft}_1, \mathrm{ft}_2, \cdots, \mathrm{ft}_K\} \tag{9-6}$$

式中：K 为功能集中功能的个数；$\mathrm{ft}_i(1 \leqslant i \leqslant K)$为功能集中的一个功能。

功能集 FT 构建步骤如下：

步骤 1：输入装配体 $a_1, a_2, \cdots, a_n$；

步骤 2：初始化功能集 FT，此时 FT 为空集；

步骤 3：对每一个装配体的功能进行分解。对于每一个获得的功能，若其不存在于 FT，则将其加入 FT；

步骤 4：重复步骤 3 直到所有装配体处理完毕，形成功能集 FT；

步骤 5：结束。

定义 9-5　功能向量用于表示一个装配体所包含的功能。在功能集的基础上装配体 a 的功能向量 $\mathbf{FtAssy}_a$ 可以表示为

$$\mathbf{FtAssy}_a = [s_{a,1}, s_{a,2}, \cdots, s_{a,K}] \tag{9-7}$$

式中：$s_{a,i}(1 \leqslant i \leqslant K)$为向量中的第 i 个元素，表示装配体 a 中是否包含功能 ft_i。$s_{a,i}=1$ 表示装配体 a 中包含功能ft_i；否则 $s_{a,i}=0$。

对于装配体 a，其功能向量 $\mathbf{FtAssy}_a$ 的构建步骤如下：

步骤 1：输入装配体 a 和功能集 $\mathrm{FT}=\{\mathrm{ft}_1, \mathrm{ft}_2, \cdots, \mathrm{ft}_K\}$；

步骤 2：初始化 K 维功能向量 $\mathbf{FtAssy}_a=[s_{a,1}, s_{a,2}, \cdots, s_{a,K}]$，且对向量中每一个元素赋初值 $s_{a,i}=0(1 \leqslant i \leqslant K)$；

步骤 3：对于装配体 a 中包含的功能，若与ft_i 相同，则令 $s_{a,i}=1$；

步骤 4：结束。

装配体和功能之间同样存在包含关系：若一个装配体 a 能够提供功能 ft_s，则称“装配体 a 包含功能 ft_s”。本章采用符号“$>$”来表示这种包含关系，且将其表示为 $\mathbf{FtAssy}_a > \mathrm{ft}_s$。在式(9-6)和式(9-7)的基础上，若满足以下条件则可以判定 $\mathbf{FtAssy}_a > \mathrm{ft}_s$：

$$s_{a,s}=1, \quad 1 \leqslant s \leqslant K \tag{9-8}$$

9.3 基于最大似然估计的功能结构关系概率描述

在对装配体、结构和功能等概念进行描述的基础上，可利用参数估计的方法对装配体中功能和结构的关系进行挖掘，同时采用最大似然估计作为参数估计方法。

在数理统计中，参数估计主要研究当参数未知时，如何利用样本值对这些未知参数进行估计的问题。参数估计分为点估计和区间估计两种类型，而本章关注的问题则属于点估计的范畴。点估计主要是寻求未知参数的估计量，并希望这个估计量在一定优良准则下达到或接近于最优的估计[1]。具体而言，点估计问题就是要构造一个合适的统计量 $\hat{\theta}=\hat{\theta}(X_1, X_2, \cdots, X_n)$，使其在某种优良准则下能够对 θ 做出估计。其中，称 $\hat{\theta}=\hat{\theta}(X_1, X_2, \cdots, X_n)$ 为 θ 的“估计量”，对应于样本 $(X_1, X_2, \cdots, X_n)^{\mathrm{T}}$ 的每个值$(x_1, x_2, \cdots, x_n)^{\mathrm{T}}$，估计量 $\hat{\theta}$ 的值 $\hat{\theta}=\hat{\theta}(x_1, x_2, \cdots, x_n)$称为 θ 的“估计值”。

最大似然估计方法(maximum likelihood estimate，MLE)能够充分利用样本中包含的 θ 的信息，从而充分利用总体分布所提供的关于 θ 的信息，因此 MLE 具有许多优良性质。在实际应用中，MLE 是最常用的方法，在各个领域针对不同的问题都得到了很好的应用[2-5]。

定义 9-6 功能 ft_s 和结构 $\mathbf{Stuc}_u$ 之间的功能结构关系是指在给定功能 ft_s 的情况下，结构 $\mathbf{Stuc}_u$ 的条件概率：

$$P(\mathbf{Stuc}_u \mid \mathrm{ft}_s) = \frac{P(\mathbf{Stuc}_u \cap \mathrm{ft}_s)}{P(\mathrm{ft}_s)} \tag{9-9}$$

式中：$P(\mathbf{Stuc}_u \cap \mathrm{ft}_s)$表示 $\mathbf{Stuc}_u$ 和 ft_s 同时出现在一个装配体中的概率；$P(\mathrm{ft}_s)$表

示ft_s出现在一个装配体中的概率。

该定义可以表述为在需要功能ft_s的情况下，选择结构 $\mathbf{Stuc}_u$ 来实现该功能的概率。概率值越大，说明选择结构 $\mathbf{Stuc}_u$ 来实现功能ft_s的可能性越大，反之选择结构 $\mathbf{Stuc}_u$ 来实现功能ft_s的可能性越小。

令 $O=1$ 表示 $\mathbf{Stuc}_u$ 和ft_s同时出现在装配体a中，否则 $O=0$。O 的取值是通过判断 $\mathbf{Assy}_a$ 中是否同时包含 $\mathbf{Stuc}_u$ 和ft_s来完成的。在上文分析的基础上，可知若满足以下条件则可以判定 $O=1$：

$$\begin{cases}\mathbf{Assy}_a \supset \mathbf{Stuc}_u \\ \mathbf{FtAssy}_a > \mathrm{ft}_s\end{cases} \tag{9-10}$$

已知 O 服从伯努利分布 $O \sim B(1,p)$，其中 p 是 $O=1$ 的概率。则 O 的分布律为

$$P\{O=o\}=p^{o}(1-p)^{1-o}, \quad o=0,1 \tag{9-11}$$

式中：o 是 O 的取值。

将已有的装配体作为样本，对其中 $\mathbf{Stuc}_u$ 和ft_s的同时存在性进行判断，则可以获得容量为 M 的样本$(O_1,O_2,\cdots,O_M)^{\mathrm{T}}$，其中 M 是已有装配体的数量。通过式(9-10)可以得到该样本的样本值，记作$(O_1,O_2,\cdots,O_M)^{\mathrm{T}}$。因此，出现该样本值的概率为

$$\begin{aligned}P\{O_1=o_1,O_2=o_2,\cdots,O_M=o_M\} &= \prod_{i=1}^{M} P\{O=o_i\} \\ &= \prod_{i=1}^{M} p^{o_i}(1-p)^{1-o_i} \\ &= p^{\sum_{i=1}^{M} o_i}(1-p)^{M-\sum_{i=1}^{M} o_i}\end{aligned} \tag{9-12}$$

因此，似然函数 $L(p)$ 为

$$L(p)=p^{\sum_{i=1}^{M} o_i}(1-p)^{M-\sum_{i=1}^{M} o_i} \tag{9-13}$$

在似然函数的基础上，可以解得 p 的估计值 $\hat{p}$ 为

$$\hat{p}=\sum_{i=1}^{M} o_i / M \tag{9-14}$$

同理，对 $P(\mathrm{ft}_s)$的求解也采取类似的步骤。令 $G=1$ 表示ft_s出现在装配体 a 中，否则 $G=0$。G 的取值是通过判断 $\mathbf{FtAssy}_a$ 中是否包含ft_s来完成的。在上文分析的基础上，可以知道若满足以下条件则可以判定 $G=1$：

$$\mathbf{FtAssy}_a > \mathrm{ft}_s \tag{9-15}$$

G 同样服从伯努利分布 $O \sim B(1,q)$，其中 q 是 $G=1$ 的概率。对于容量为 M 的样本$(G_1,G_2,\cdots,G_M)^{\mathrm{T}}$，其样本值为$(g_1,g_2,\cdots,g_M)^{\mathrm{T}}$，其中 M 为装配体的数量。在似然函数的基础上，可以解得 q 的估计值 $\hat{q}$ 为

$$\hat{q}=\sum_{i=1}^{M} g_i / M \tag{9-16}$$

结合式(9-9)、式(9-14)和式(9-16)，就可以最终获得功能ft_s和结构$\mathbf{Stuc}_u$之间的功能结构关系：

$$P(\mathbf{Stuc}_u \mid \mathrm{ft}_s)=\sum_{i=1}^{M} o_i \Big/ \sum_{i=1}^{M} g_i \tag{9-17}$$

式(9-17)用条件概率的形式表示了功能结构关系，而这种关系是通过参数估计所获得的概率值来描述的，因此将这种描述结果称作功能结构关系的“概率描述”。

9.4 装配体核心功能集与典型结构集提取

功能的出现频率说明功能的使用情况，即功能在装配体中出现的次数越多，表明功能越常用。进一步地，若功能的组合频繁出现，则说明这类装配体中通常包含这一组功能，也说明了该功能组合对于这类装配体的重要性。相对于单个功能，功能的组合更能表明装配体的特点和信息重用的重点。因此，首先对频繁功能集和核心功能集进行讨论。

定义 9-7 频繁功能集是一系列功能的集合，该集合在一类装配体中频繁出现。频繁功能集 FFT 可以表示为

$$\mathrm{FFT}=\{\mathrm{fft}_1,\mathrm{fft}_2,\cdots,\mathrm{fft}_E\} \tag{9-18}$$

式中：E为频繁功能的数量，且$E\leqslant K$；$\mathrm{fft}_i(1\leqslant i\leqslant E)$为频繁功能集中一个功能。

定义 9-8 核心功能集是包含功能最多的频繁功能集，核心功能集 CFT 可以表示为

$$\mathrm{CFT}=\{\mathrm{cft}_1,\mathrm{cft}_2,\cdots,\mathrm{cft}_T\} \tag{9-19}$$

式中：T为核心功能的数量；$\mathrm{cft}_i(1\leqslant i\leqslant T)$为核心功能集中的一个核心功能。

由定义可以看出，核心功能集是在频繁功能集的基础上获取的，因此首先讨论频繁功能集的获取方法。频繁功能集是功能组合，因此在功能集 FT 的基础上，频繁功能集可以通过 Apriori 算法获取。

在频繁功能集计算中同样应该使用估计值作为某个功能集的支持度。对候选频繁功能集$\mathrm{CanFT}=\{\mathrm{canft}_1,\mathrm{canft}_2,\cdots,\mathrm{canft}_w\}$，其中$1\leqslant w\leqslant T$。令$H=1$表示 CanFT 出现在装配体$a$中，否则$H=0$。$H$的取值是通过$\mathbf{FtAssy}_a$是否包含 CanFT 中每一个功能来完成的，因此可以知道若满足以下条件则可以判定$H=1$：

$$\forall 1\leqslant i\leqslant w:\mathbf{FtAssy}_a > \mathrm{canft}_i \tag{9-20}$$

H服从伯努利分布$O\sim B(1,r)$，其中r是$H=1$的概率。对于容量为M的样本$(H_1,H_2,\cdots,H_M)^{\mathrm{T}}$，其样本值为$(h_1,h_2,\cdots,h_M)^{\mathrm{T}}$，其中$M$为装配体的数量。在似然函数的基础上，可以解得$r$的估计值$\hat{r}$为

$$\hat{r}=\sum_{i=1}^{M}h_i/M \tag{9-21}$$

式(9-21)则用作 CanFT 的支持度,参与频繁项集的计算。在此基础上,就可以进行核心功能集的获取,步骤如下:

步骤 1: 输入功能集 $\mathrm{FT}=\{\mathrm{ft}_1,\mathrm{ft}_2,\cdots,\mathrm{ft}_K\}$,与装配体 $a_1,a_2,\cdots,a_n$ 对应的功能向量为 $\mathbf{FtAssy}_{a1},\mathbf{FtAssy}_{a2},\cdots,\mathbf{FtAssy}_{an}$,支持度阈值为 min_sup;

步骤 2: 对于 FT 中的每一个功能,扫描所有功能向量获得 1-频繁功能集,其中功能集的支持度按式(9-21)计算;

步骤 3: 从 $k=2$ 开始,通过连接和剪枝从$(k-1)$-频繁功能集生成候选 k-频繁功能集,扫描所有功能向量获得 k-频繁功能集,重复该步骤直到不能找到任何频繁功能集;

步骤 4: 在最终获得的频繁功能集中,取包含功能最多的频繁功能集作为核心功能集 CFT。

步骤 5: 结束。

已知 CFT 中的每一个功能都由对应的结构来实现,则 CFT 对应一系列的结构集,其中每一个结构集都可以实现 CFT 的功能。在这些结构集中,有一个或几个结构集出现的概率最大,而本章将这样的结构集定义为典型结构集。根据以上分析,获取典型结构集的问题可以表述为:找到一个结构集 $\mathbf{Stuc}=\{\mathbf{Stuc}_1,\mathbf{Stuc}_2,\cdots,\mathbf{Stuc}_T\}$使 $P(\mathbf{Stuc}|\mathrm{CFT})$最大,其中 $\mathbf{Stuc}_i$ 是与cft_i 对应的。对某个结构集 $\mathbf{Stuc}_k=\{\mathbf{Stuc}_{k,1},\mathbf{Stuc}_{k,2},\cdots,\mathbf{Stuc}_{k,T}\}$,令 $D=1$ 表示 $\mathbf{Stuc}_k$ 出现在装配体 a 中,否则 $D=0$。D 的取值是通过 $\mathbf{Assy}_a$ 是否包含 $\mathbf{Stuc}_k$ 中的每一个结构来完成的,因此可以知道若满足以下条件则可以判定 $D=1$:

$$\forall 1\leqslant i\leqslant T:\mathbf{Assy}_a\supset\mathbf{Stuc}_{k,i} \tag{9-22}$$

由式(9-17)可以得到:

$$P(\mathbf{Stuc}_k\mid\mathbf{CFT})=\sum_{i=1}^{M}d_i/(M\cdot\hat{r}_{\mathrm{CFT}}) \tag{9-23}$$

式中:d_i 为D 的取值;$\hat{r}_{\mathrm{CFT}}$ 为 **CFT** 的支持度。

对于 **CFT**,若其中的每个功能cft_i 对应n_i 个结构,则可能的典型结构集的数量最多为 $\prod_{i=1}^{T}n_i$。这虽然是一个组合问题,但实际中发现 $\prod_{i=1}^{T}n_i$ 并不大,因此不需要考虑计算开销的问题,只需要获取所有可能的组合并分别计算其概率,概率最大的即典型结构集。因此,典型结构集的获取步骤如下:

步骤 1: 输入与装配体 $a_1,a_2,\cdots,a_n$ 对应的装配体向量 $\mathbf{Assy}_{a1},\mathbf{Assy}_{a2},\cdots,\mathbf{Assy}_{an}$,核心功能集 $\mathbf{CFT}=\{\mathrm{cft}_1,\mathrm{cft}_2,\cdots,\mathrm{cft}_T\}$,**CFT** 的支持度 $\hat{r}_{\mathrm{CFT}}$,与cft_i 对应的结构 $\mathbf{Stuc}_i$;

步骤 2: 根据 **CFT** 和获取的功能与结构的对应关系,生成候选典型结构集;

步骤 3：按式(9-23)分别计算每个候选典型结构集 $\mathbf{Stuc}_k$ 的概率 $P(\mathbf{Stuc}_k|$ CFT)；

步骤 4：选择概率最大的候选典型结构集作为典型结构集；

步骤 5：结束。

9.5 实例分析

为了验证上述方法的有效性，本节将进行装配体功能结构关系描述实例分析。实验中作为输入的装配体需要进行预先的分类，即进行功能结构关系描述的输入装配体需要属于同一类。对于某一个结构来说，它有可能在一类装配体中频繁出现，而在另一类装配体中很少出现。若不加分类而直接在所有装配体中进行挖掘，在增大计算开销的同时可能也得不到预期的结果。

本节选择飞机装配型架作为对象进行挖掘，如图 9-3 所示。装配型架是一种工艺装备，主要在飞机装配中定位和固定所装配的零部件，而这些功能都是由一些不同的结构完成的。装配对象的不同会导致装配型架的功能有差异，而完成这些功能的结构也有所不同，因此，以这些装配型架为对象可以较好地进行功能结构对应关系的分析。

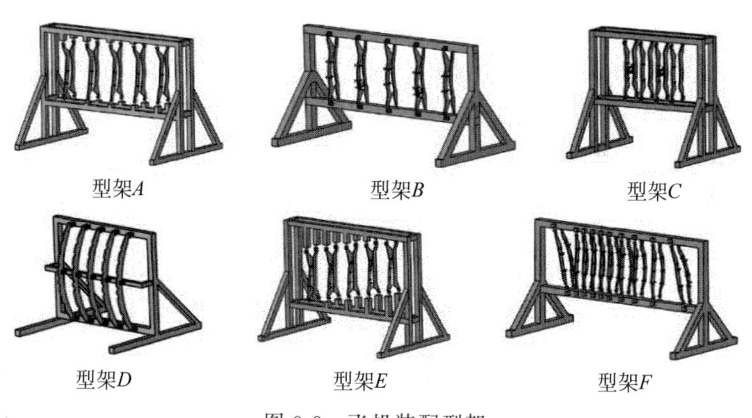

图 9-3 飞机装配型架

9.5.1 功能结构关系概率描述

实验选择了 6 个功能，且这些功能都按照 2.3.3 节的方法进行描述，分别为定位肋、定位孔、夹紧长桁、夹紧肋、夹紧梁、定位卡板。实验结果给出了每个功能对应的结构和每个结构对应的概率值，如表 9-1 所示。除此之外，表 9-1 还给出了各个功能和结构所在的型架。结果显示分别有 2，1，3，2，1，3 个结构对应各个功能，且各个结构的概率值都指明了在装配体中的常用程度。这里以第 1 个功能“定位肋”为例，对结果进行详细讨论。

表 9-1 装配体中功能及其对应的结构

序号	功　能	功能所在型架	结　构	概率	结构所在型架
1	fs_1：定位肋	A,B,C,E,F		1	A,B,C,E,F
				0.200	B
2	fs_2：定位孔	A		1	A
3	fs_3：夹紧长桁	A,B,C,D,E,F		0.667	A,B,C,F
				0.167	E
				0.167	D
4	fs_4：夹紧肋	A,B,C,E,F		1	A,B,C,E,F
				0.200	B
5	fs_5：夹紧梁	A,C,F		1	A,C,F
6	fs_6：定位卡板	A,B,C,D,E,F		0.500	A,C,E
				0.500	B,D,F
				0.167	F

定位肋通过一定的结构来决定肋应该被正确安装的位置。表 9-1 的结果表明在装配型架中存在两种肋定位器，且其在实际装配中的使用概率分别为 1 和

0.200。概率值直观地说明了实际使用中第 1 种肋定位器相对于第 2 种肋定位器更加常用，该结果可以从两者的结构和特点来说明。如图 9-4 所示，两种肋定位器分别适用于两种不同的装配场景：当肋平面与卡板平面在一个平面时，采用第 1 种肋定位器来完成肋的定位；当肋平面与卡板平面有一定偏移时，采用第 2 种肋定位器来完成定位。相应地，两者的结构有一定的不同：第 1 种肋定位器的定位面与卡板在同一平面；第 2 种肋定位器的定位面与卡板不在同一平面，而偏移量与所定位肋的具体位置相关。在实际装配体中，第 1 种情况较为常见，这就导致了第 1 种肋定位器的大量使用。在进行装配型架设计时，可以更多地考虑第 1 种肋定位器的形式，而在结合具体情况发现第 1 种肋定位器不能满足要求时，可以考虑第 2 种肋定位器。

本节将功能结构关系定义为条件概率，而每个功能都必须由一定的结构来实现，所以对于每个功能对应的结构，其概率值之和应该等于 1。该结论可以表述为，对于实现功能 ft_s 的一系列结构 $\{\mathbf{Stuc}_1, \mathbf{Stuc}_2, \cdots, \mathbf{Stuc}_n\}$，应满足 $\sum_{t=1}^{n}\sum_{i=1}^{M} o_{t,i} = \sum_{i=1}^{M} g_i$，而其条件概率应该满足 $\sum_{i=1}^{n} P(\mathbf{Stuc}_i \mid \mathrm{ft}_s) = 1$。理论上说，通过挖掘所获得的功能结构关系都应满足该结论，而表 9-1 显示第 1,4 和 6 组实例都不满足上述条件，且每一组结构的概率之和都大于 1。这里仍然以第 1 个功能“定位肋”为例说明出现这种情况的原因。通过对型架模型进行检查，发现在一个型架中使用了两种肋定位器，如图 9-5 所示。在这种情况下，会使 $\sum_{t=1}^{n}\sum_{i=1}^{M} o_{t,i} > \sum_{i=1}^{M} g_i$，从而导致表 9-1 的结果。在设计过程中没有强制要求在一个装配体中只能使用一种结构来实现某个功能，而设计过程中面临的具体情况可能要求设计者采用不同的结构，这样就会出现如图 9-5 所示的情况。因此，以上结论可以修正为

$$\sum_{i=1}^{n} P(\mathbf{Stuc}_i \mid \mathrm{ft}_s) \geqslant 1 \tag{9-24}$$

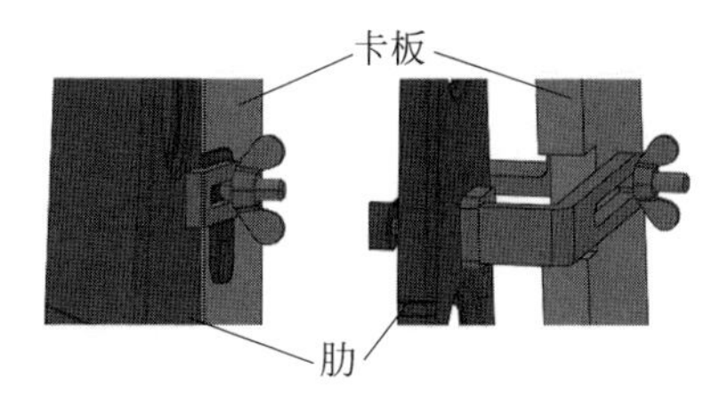

图 9-4　两种肋定位器的使用场景

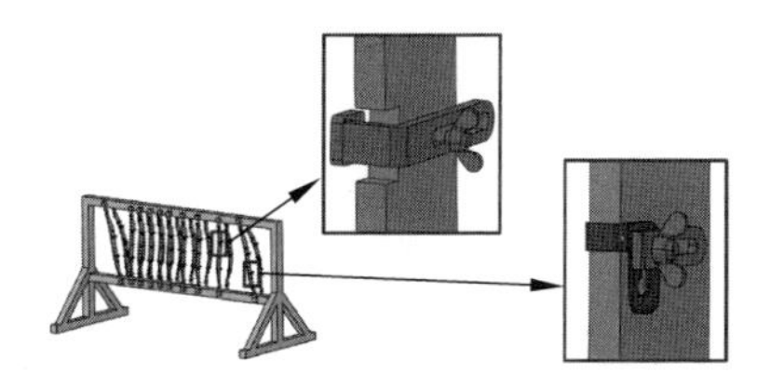

图 9-5　同一型架使用了两种肋定位器

可以肯定的是，类似于式(9-24)和表 9-1 的挖掘结果不会对设计重用产生影响。本章进行功能结构关系挖掘的出发点是找到功能结构的概率关系，并且能够在设计时为设计者提供参考。获得的结构概率值说明了其使用的频繁程度，而概

率值的相对大小能够对常用和不常用的结构进行区分，这就满足了本章定义的设计重用的需求。

9.5.2 核心功能集和典型结构集提取

根据表9-1构建功能集 $FT=\{ft_1, ft_2, ft_3, ft_4, ft_5, ft_6\}$，设定支持度阈值 min_sup=0.8 进行装配体频繁功能集挖掘。挖掘共获得15个频繁功能集，如表9-2所示，并分别给出了各自的支持度和所在的型架。根据挖掘结果可知该类型架的核心功能集为 $\{ft_1, ft_3, ft_4, ft_6\}$，支持度为0.833，且其存在于型架 A, B, C, E, F 中。该核心功能集所包含的定位肋、夹紧长桁、夹紧肋和定位卡板是型架中普遍存在的功能，其组合也是型架在完成装配工作中常用的。在进行新的型架设计时，不仅需要考虑单个功能，更需要考虑这些功能的组合，进而根据功能选择合适的结构来实现功能。

表 9-2 频繁功能集挖掘结果

序号	功能集	支持度	功能集所在型架
1	$\{ft_1\}$	0.833	A, B, C, E, F
2	$\{ft_3\}$	1	A, B, C, D, E, F
3	$\{ft_4\}$	0.833	A, B, C, E, F
4	$\{ft_6\}$	1	A, B, C, D, E, F
5	$\{ft_1, ft_3\}$	0.833	A, B, C, E, F
6	$\{ft_1, ft_4\}$	0.833	A, B, C, E, F
7	$\{ft_1, ft_6\}$	0.833	A, B, C, E, F
8	$\{ft_3, ft_4\}$	0.833	A, B, C, E, F
9	$\{ft_3, ft_6\}$	1	A, B, C, D, E, F
10	$\{ft_4, ft_6\}$	0.833	A, B, C, E, F
11	$\{ft_1, ft_3, ft_4\}$	0.833	A, B, C, E, F
12	$\{ft_1, ft_3, ft_6\}$	0.833	A, B, C, E, F
13	$\{ft_1, ft_4, ft_6\}$	0.833	A, B, C, E, F
14	$\{ft_3, ft_4, ft_6\}$	0.833	A, B, C, E, F
15	$\{ft_1, ft_3, ft_4, ft_6\}$	0.833	A, B, C, E, F

在此基础上可以实现对典型结构集的获取。由表9-1可知核心功能集 $\{ft_1, ft_3, ft_4, ft_6\}$ 中的功能分别对应2,3,2,3个结构，则不同的结构组合形式有36种，分别生成这些组合并按式(9-23)计算其概率。所生成的候选组合有很多是不在装配体中实际出现的，这些组合的概率都为0，因此实验选择了概率不为0的结构集，如表9-3所示。结果显示核心功能集所对应的、在型架中实际出现的共有7种结构集，且这些结构集分散在型架 A, B, C, E, F 中，如第1个结构集存在于型架 A 和 C 中，而型架 B 包含了4种结构集。根据典型结构集的定义可知这些结构集中包含两个典型结构集，且其概率都为0.400。典型结构集是一种与核心功能集对

应的较为重要的结构集合，在进行设计时可以对该结构集进行重点考虑。同时，重用典型结构集能够有效地减少设计工作、提高设计效率。

表 9-3 核心功能集对应的型架中结构

序号	结构集	所在型架	概率	是否典型结构集
1	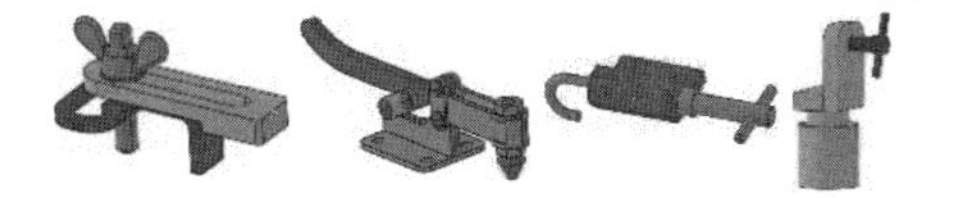	A，C	0.400	是
2	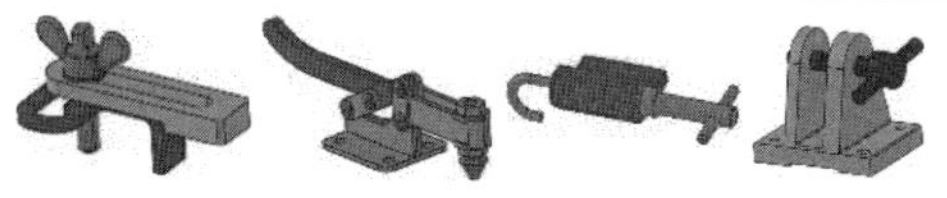	B，F	0.400	是
3	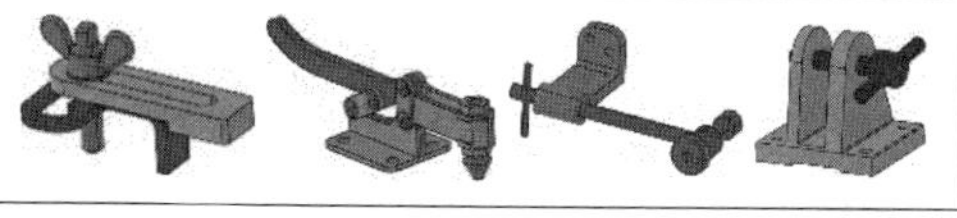	B	0.200	否
4		B	0.200	否
5	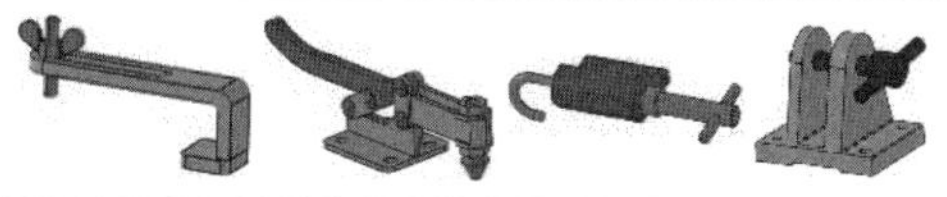	B	0.200	否
6		E	0.200	否
7	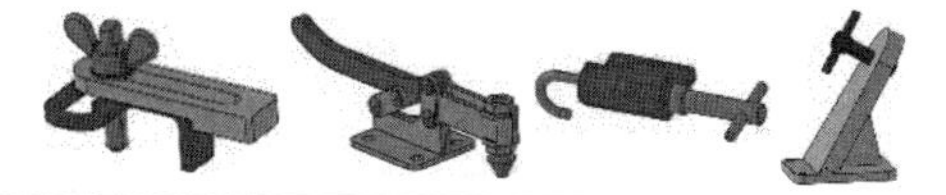	F	0.200	否

参考文献

[1] 师义民，徐伟，秦超英，等. 数理统计[M]. 北京：科学出版社，2009.

[2] RONCAGLIOLO P A，GARCIA J G，MERCADER P I，et al. Maximum-likelihood attitude estimation using GPS signals[J]. Digital Signal Processing，2007，17(6)：1189-1100.

[3] MODISETTE J P. Maximum likelihood approach to state estimation in online pipeline models[C]//Proceedings of 9th International Pipeline Conference. New York：ASME Press，2012：813-824.

[4] ANTREICH F，NOSSEK J A，UTSCHICK W. Maximum likelihood delay estimation in a navigation receiver for aeronautical applications[J]. Aerospace Science and Technology，2008，12(3)：256-267.

[5] ABRAMOVICH Y I，JOHNSON B A. Expected likelihood support for deterministic maximum likelihood DOA estimation[J]. Signal Processing，2013，93(12)：3410-3422.